今、なぜ和算なのか

田村三郎 著

現代数学社

はじめに
―― この本の読み方と編集委員による補足

　「今，なぜ和算なのか」――タイトルに言葉を補うと「学校で数学を指導あるいは学ぶにあたり，今注目すべきは和算である．では一体なぜ和算なのか．」とでもなりましょうか．つまり，この本は数学を教える先生方や数学を学ぼうとする学生さんをはじめ，数学に関わるすべての方に，その心構えや数学との向き合い方を説いた本です．タイトルには和算とありますが，和算そのものを紹介するというよりもむしろ和算の精神にスポットを当て，現在の数学教育を見直そうという気持ちが込められています．

　今，皆さんが触れる数学のほとんどは西洋数学です．西洋数学は論理的・説得的な性格を持っています．しかし，学ぶ側にとっては論理的であろうとするあまり証明や理由にがんじがらめにされてしまう恐れがあります．そうしていつしか数学が嫌いになっていく．皆さんが学ぶ数学が西洋的だからといって数学の学び方までも西洋的な必要があるのでしょうか．本書はこのことを問いかけています．

　一方，和算は江戸時代の数学と言われますが，西洋数学とは異なる特質があります．それは直観的・体得的であるという性質で，東洋的と言ってよいかも知れません．それでいて西洋数学に劣らぬ成果を生み出したのです．このことから，皆さんが学ぶ数学は西洋的な側面である論理が中心だけれども，子供や学ぶ側の視点に立てば，論理よりも直観を重視して体得的に学んでいく方が教育上優れているのではないでしょうか．これが本書の主張なのです．

　本書では広く文化論から始め，数学史や数学論，日本数学教育史お

よび数学教育論を述べてこのような主張の論拠をあげています．

第一章は文化論です．勉強と遊びは一見対極的な位置関係にあると思われます．そうではなく，ここでは遊びは学問を内包するという見地に立って「遊び」を論じています．このことが遊びとしての学問，遊びとしての数学に結びついていきます．

第二章は数学史論です．ギリシア・ローマから始まってヨーロッパや古代インド，中国の数学史について述べられ，最後に日本の数学史として和算が紹介されています．単に「江戸時代の数学」で終わることなく，その特質や反省も読み取ることができます．

第三章は数学論です．数学論と言いますと，堅苦しくて難しい印象があります．確かに専門的な内容に立ち入った個所もありますが，読み物として肩ひじを張らずに，場合によってはささっと走り読みしてもいいでしょう．そうした中で，例えば「数学的真理は絶対的に正しいと言えるのか」あるいは「数学は一つだけか」という疑問について，数学的に述べている個所があります．このように引っかかりを感じたところや目に飛び込んでくる文言を気に留めて読むと，もしかするとあなたが持つ数学のイメージは変わるかも知れません．

第四章は日本数学教育史です．近年ではゆとり教育や脱ゆとりなどが話題になっています．内容を削減したり増やしたり，日本の数学教育を歴史的に概観すればこのような事態は今に始まったことではありません．時代が変わることで教育も変わる，それは良くも悪くも必然と言わざるを得ないでしょう．でもそうした流れの中にいて翻弄されるのではなく，流れの外から時流を見る気持ちで読み進めて頂ければ，後の章へとつながります．

第五章は数学教育論です．ここでは相対する二つの立場を論じています．それは端的には論理 vs 直観ととらえてもよいでしょう．このことを念頭に読んでいただくと，あなたの数学教育観にも大きな刺激を与え

ることになるでしょう．

そして，第六章が本書の結論部分です．ここでも和算から具体例が紹介されています．これらを単に数学や数学教材の話題にとどまらず，和算の精神を感じ取るつもりで読んでみてください．今の日本の数学教育にどういったことが求められるのか考えさせられることでしょう．

本立而道生

著者が座右の銘にされた論語に出てくる言葉です．本立ちて而して道生ず．物事の根本が確立すれば，自ずと道は開けるといった意味です．では，数学の本質は何でしょう．教育や数学教育の根本とは何でしょう．あなたもこの言葉を傍らにおいて本書を読み進めてみませんか．読み終えたとき，どんな道が開けてくるでしょうか．そして，今よりもっと数学が好きになっているでしょう．

iii

目 次

まえがき i

1. 文化論 ── 遊びの本質 ── 1
   - 学問の起源 1
   - 遊びと祭り 2
   - 遊びの語源 3
   - 真剣な遊び 5

2. 数学史論 ── 数学におけるハレとケ ── 9
   - ギリシア・ローマの数学史 9
   - 学問はゲームを目指した 10
   - 束縛なき自由な遊び心の精神 11
   - 西洋の数学史 13
   - 東洋の数学史 15
   - 日本の数学史 18
   - 和算の中の「無用の用」 20

3. 数学論 ── 数学とは何か ── 25
   - イデアの世界 25
   - 公理系にある数学 26
   - 数学基礎論 ── 数学は無矛盾か 29
   - 直観主義 30
   - 形式主義 32
   - 非ヨーロッパ系数学 33

4. **日本数学教育史** ―落ちこぼれと学力低下の歴史― ... *35*
   - 落ちこぼれのない自主学習 ... *35*
   - 和算から洋算へ ... *37*
   - 一斉授業と求答主義 ... *38*
   - 菊池大麓と藤沢利喜太郎 ... *41*
   - 近代化運動の幕開け ... *43*
   - デューイ哲学にもとづく生活単元学習 ... *47*
   - 現代化運動とその要因 ... *51*
   - ゆとり教育の30年間 ... *56*
   - 学びからの逃走 ... *59*
   - 教科中心か児童中心か ... *61*

5. **数学教育論** ― 直観的洞察と説得― ... *65*
   - educate と teach ... *65*
   - 論証重視の教育 ... *68*
   - 開発主義教育 ... *70*
   - 「此如ク」だけ ... *71*
   - 論理性に欠けた数学 ... *75*
   - 感覚にたよった危険な証明 ... *77*
   - オイラーの大胆な論法 ... *78*
   - ポアンカレのヒラメキ ... *80*
   - ガロアの天才性(1) 独創性を目標 ... *83*
   - ガロアの天才性(2) リシャールの期待 ... *85*
   - ガロアの天才性(3) 行方不明の論文 ... *87*
   - ガロアの天才性(4)「もう時間がない！」 ... *90*

6. **今, なぜ和算なのか** ―直観性を失わせない教育― ... *93*
   - 東洋と西洋の教え方 ... *93*

v

子どもたちのつまずき	94
計算のはじまり	96
算木を置く人	98
和算以前の数学遊戯	99
計算するための器具	103
『塵劫記』の問題	103
使えそうな教材	108
江戸時代の子どもたち	109
実用の学として生まれた和算	112
日本独自の数学文化	114
ギルド性と芸事性	115
和算の蹉跌	117
今,なぜ和算なのか	119

江戸時代の和算家系譜 ………… 121

あとがき ………… 160

索引 ………… 162

文化論
―遊びの本質―

学問の起源

　人々が生きていくのに汲々としている時代には，俗なる日常生活，つまりケ（褻）の世界に縛られて，ゆとりなどなかったに違いない．年一度行われる祭りだけが，ハレ（晴）の世界で遊べるときであったと思われるが，生活にゆとりが出るにつれ，次第に生活からかけ離れた文化活動に身を置くようになる．ケの世界に束縛されないハレの世界・遊びの世界こそ，聖なる祭りの世界であって，人間を特徴づけるものである．ライオンなどは，おなかがいっぱいのときは，目の前に鹿がいても獲ろうともしない．ところが，人間は自分は食べもしないのに魚を釣り，収穫量を自慢する．文化とは生きていくのに必ずしも必要のない余剰なものである．

　祭りの中から，この余剰な文化が生まれる．祭りでは神に感謝し，神様を喜ばせるために歌舞音曲が奉納される．これが聖なる芸術の起りである．また力あるものは祝福される．相撲や剣術，やぶさめなどの奉納試合をみてもこのことがよく解る．これが聖なるスポーツの起源である．力ある者以上に智恵あるものは祝福される．神前で問答競技が行われ，勝者には最高の栄誉が与えられる．これこそ聖なる学問の起りである．祭りの最後に，神様を喜ばすために捧げられた饗物のおさがりを頂戴する宴が催される．これが，遊興の世界の起りである．これも，もともとは神様に感謝し，神様を喜ばせるための聖なる儀式であったものが，生身の人間が喜ぶように転化していったのに過ぎない．

遊びと祭り

　ここで祭りと遊びを結びつける証拠をいくつかあげておこう．律令制の中に遊部（アソビベ）と呼ばれる部族がいたことが記されている．この部族は天皇の葬礼に際し，葬儀に必要な楽器を用意し，また殯の宮（モガリノミヤ…天皇の棺を安置しておく仮の宮殿）に供養し，歌舞を奏して鎮魂の儀式を行ったそうである．また遊男（アソビオ），遊人（アソビビト）はともに音楽を奏でる人のことで，現代の俗なる遊人（アソビニン）のことではないし，また遊女（アソビメ）も聖なる巫子（ミコ…神に仕えて神楽を舞い祈祷を行なう未婚の女性）であって，断じて俗なる遊女（ユウジョ）ではない．その他，遊法師（アソビホウシ）は歌舞音曲などを業とする僧侶のことであるし，東遊（アズマアソビ）は六人でする舞のことである，というように枚挙にいとまはない．さらに神遊（カミアソビ）は神楽（カグラ）のことであることをみても，歌舞音曲は「神様を遊ばす」ためのものであったことがよく解るであろう．

　十二年に一度行われている沖縄の久高島の奇祭「イザイホー」の儀式の中に，「夕神遊び」，「カシラ垂れ遊び」，「花さし遊び」なる神事があるのも，祭りと遊びとが密接な関係にあることを示す証拠である．この祭りは30歳から41歳までの女性が，ナンチュ（神女）になるための儀式である．イザイホーは沖縄・久高島という僻地であることと，12年ごとという適当な周期のせいもあって，古い伝統がそのままよく残されていることで注目を集めていた．しかし，1978年を最後に，1990年のイザイホーは新たになるナンチュがいないため，中止となってしまった．それ以降再開されたという話は聞いていない．

　聖なる遊びはハレの世界における非日常的行為ではあるけれども，俗なるケの世界を忠実に反映している．聖なる音楽活動について例をとってみれば，俗なる日常世界で身に付けた演奏技術を，神前において奏で

るのであるが，それは最高のものでなければならない．俗なる世界での演奏と違うのは，神に捧げるという神聖なる気持ちを持たなければならないのと同時に，報酬を求めるという俗なる気持ちを捨て去ることである．遊びは楽しみにつれてやればよいのであって，何かほかの俗なる欲求を目的とするものではない．したがって遊びそれ自身にしか目的をもたない．つまり無心の行為なのである．

遊びの語源

「遊」の字を分解すると，「子」の部分と，旗や吹き流しを表している「方，ノ，一」の部分と，行くと止まるを意味する「辶」の部分とに分けられる．つまり，旗が風にはためくように，子供がぶらぶらと行ったり来たりしているさまを表しているし，遊の別字の「游」も，子供が水にゆらゆらと無心に浮かんでいるさまを表している．これは，遊びが外からの強制を受けない全く自由気ままなものであることを言い表しており，何もしない楽しさの源泉ともなっている．

遊びは「本来の生」ではないという意味で余計なものであり，遊びはしなくても，かまわないものである．遊びたくなければ，いつでも脱け出せるから，自由であり，そのため面白く楽しいものなのである．遊びのこのぶらぶらするという意味から，遊びの中に「旅行する」という意味が出てくるし，さらに「他郷に行って仕える」という意味や，「他郷に行って学問などを修業する」という意味すら出てくる．例えば「若いころ，××大学に遊ぶ」ということなどはその例であって，決して××大学時代はよく遊んだという意味ではない．

ここで遊び観についての東西の違いについて触れておこう．日本語で「機械が遊んでいる」といえば，まさに機械が止まっている状態のことである．ところが西洋では「機械がプレイしている」とは機械が忙しく

動いているさまを言い表している．すなわち西洋では何もしないでぶらぶらすることは遊び・休息ではないのである．

　日本文化には「間（ま）」，「ゆとり」という言葉がある．落語などでの間の取り方の重要性はよく指摘されるところである．武術での気合い，相撲での立会の呼吸なども一つの間の取り方である．また能楽師の世阿弥が「せぬ所がおもしろき」と述べている．このせぬ所とは，態と態の間の隙間である．舞を舞い終えた後の空白，謡を歌い終えた所，その他，あらゆる態の隙間ごとに，心の働きを緩めず，心でつなぐ配慮を持つ心奥の緊張感が外に出て，面白く感じられるのだ，と述べているのは極めて興味深い．

　また，日本建築において，間というのが重要な役割を果たしている．たとえば，床の間は役に立たない無駄な空間のように見えながら，たった一畳だけの床の間が，奥深い空間を演出している．そこに掛けられた一幅の山水画には，墨で描かれた部分と同時に，空白が残されており，その空白に無限の拡がりを見ることができる．また，庭園として設計された枯山水には，白い砂地の上に数個の石が配置されているだけで，幽玄の宇宙を感じさせてくれる．これらは無駄とも思える間が，われわれの心に働きかけて，そこには見えない拡がりを感じさせてくれるためである．

　このゆとりと関連して，遊びには「役に立たないように見えながら，本質的なところで役にたっている」という意味に使われることがある．これは「無用の用」としての遊びである．たとえば，野球での投球でよく「一球遊ぶ」というようなことを言う．この遊び球は一見無駄と思える一球ではあるが，前後の配球との関係で，重要な意味を持つ球である．同じく野球でのショート・ストップは遊撃手と訳される．この内野手は守るべきベースをもたないため，無駄なようにも見える．しかし，機に応じて二塁ベースをカバーしたり，時として三塁ベースに入ること

もある．

　この遊撃という漢語は「一定の任務をもたず，機を見て出動して敵を撃つこと」となっている．遊撃隊のことを遊軍ともいうが，本体とは離れて別働隊として待機している軍隊のことで，機が至れば東西適当なところに出動するのである．全く無用とも思える食客（居候）について，「あの男はしばらく遊ばせておけ．いつか役に立つかもしれん」と殿様が言うことなど，このような意味である．

真剣な遊び

　遊びの自由性と相矛盾するように思えるものに，遊びの規則性がある．遊びは，日常生活とは別の一定の時間空間内で，自主的に受け入れたルールの中で行われる．もしこのルールが守られなければ，遊びは成立しないし，違反者は「遊び破り」として放逐される．たとえば，スポーツやゲームをみればこの状況が理解されるであろう．「ママゴト遊び」のゴザの上で，本当はおねえちゃんであるオカアサンに対し，思わず「おねえちゃん」と言ってしまうことは，遊びの中に日常性を紛れ込ませ，その遊びそのものを否定してしまう「遊び破り」に他ならない．

　それに関連するものとして，遊びの平等性がある．遊びにはその遊び独特のルールがあって，そのルールが守られる限りにおいて，日常世界での序列には関係しないため，全く平等なものなのである．落語に「将棋の殿様」という将棋好きの殿様の話がある．不利になった殿様が「その手，ちょっと待て」という．「いいえ，私目の手番でございますので」と申し上げると，殿様は日常性を出して「さても，けしからぬやつだ．わしの言うことが聞けぬのか」という．これは正に「遊び破り」である．

　最後に遊びの緊張感，真剣さに触れておかなくてはならない．たとえば，積み木遊びで，積み木を高く積んでゆくときの緊張感と真剣さ，

それを完成したときの達成感および緊張感からの解放こそ，遊びの楽しさでもある．子供たちのどんな遊びを見ても，子供たちは真剣に遊んでいるし，真剣でない遊びは面白くない．高校野球の面白さは，全力を傾けた真剣さにあり，それは勝敗すら度外視したところにある．ホイジンガ[1]の『ホモ・ルーデンス』の中の文を要約して紹介しておく．「子供は完全な真面目さ―神聖な真面目さ―の中で遊んでいる．けれども，子供はこれが遊びなのだということを知っている．スポーツマンも，献身的な真面目さと感激の熱情に溢れてプレイする．しかし，彼もやはり自分がしていることはプレイであることを知っている．舞台の上の役者も，すっかり自分の演技に没入している．これはプレイであり，役者自身もそれが演技であることをはっきり意識している．バイオリニストも，その演奏の間，神聖で崇高な感動の思いをひしひしと味わっている．彼は日常生活の外に遠く飛び去り，遥かな高みのあたりをかけりながら，ある世界を体験している．それにもかかわらず，彼が現実にしていることがプレイであることに変わりはないのだ．」少し長かったけれども，遊びの非日常性と真面目さとを，うまく言い表している言葉であると思い，引用させて頂いた．

　現在，多くの人が遊びに対して抱いているイメージは，これまで述べてきた神聖感や真面目さと，大きく異なったものであったに違いない．その原因の一つが，遊びにおける自由さ，楽しさが，遊びに「真面目ではない」，「ふざけた」ものという印象を与えている点にあるのかもしれない．しかしそれ以上に，為政者たちが労働を搾取する目的で，労働を崇高な行為として評価し，遊びを人間の堕落した悪しき行為とみなしてきたためであろう．また，スパルタ教育論や，テレビ番組などでの根性ものやガンバリズムが，その達成感とともに人々に強い感動を与えてい

---

[1] ホイジンガ，ヨハン（1872 - 1945）オランダの歴史家，文化史家．

ることも，「遊びは悪だ」,「遊びは必要悪だ」と考える一因をなしているのかも知れない．

（参考文献）

［1］ホイジンガ（高橋英夫 訳）『ホモ・ルーデンス』中公文庫，昭和48年
［2］田村三郎『「数学」と「遊び」』神戸大学教育学部研究集録 第66集，昭和56年
［3］田村三郎『なぜ数学を学ぶのか』大阪教育図書，第4章 遊びとしての数学，平成6年

第2章 数学史論
――数学におけるハレとケ――

ギリシア・ローマの数学史

　ここでギリシアのポリス・市民社会での学問観からみてゆこう．ギリシア・ポリス市民たちは，無類のおしゃべり好き，議論好きであった．ギリシア社会は奴隷制度であったため，ポリス市民たちは，肉体労働を奴隷や家畜にまかせ，肉体労働から解放されていた．そのため，余暇を手に入れたポリス市民たちは，好天に恵まれたアゴラ（広場）に集まって買い物をしたり，ニュースを交換したり，哲学や政治の議論をしたりして，一日の大部分をそこで過ごしていた．そのアゴラには，ソフィストたちが巡回してきて，大衆を前にして人の歩むべき道を説き，政治についての弁論をぶったりもした．また，ソフィスト相互とか，聴衆相手に問答を行い，うまく相手をやりこめた場合には，聴衆から拍手喝采を受け，そのようなソフィストは評判になり，人気者になると同時に，あちこちのアゴラからお呼びがかかったのである．まさに，ソフィストは大道芸人と同じであった．

　ポリス市民たちは，ソフィストの弁論や，問答の巧みさを拝聴するだけではなく，市民たちは自分たちの間でも，問答を競技として遊ぶ方法を考案した．競技としての問答をエリスティケーというが，このゲームをする際，最初に合意事項を確認し合うのが慣わしであった．それ以降，互いに質疑応答を繰り返すことにより，相手の発言の中に矛盾しあった点を指摘した方が勝ちとなるゲームである．ところが，これをゲームとして実際に行う場合には，往々にして相手を言い負かすため

に，不正な論じ方をする—たとえば罠を仕掛ける—ことがあったらしい．そのため，エリスティケーという言葉は，好ましくないものと考えられるようになっていった．田中美知太郎[1]は『ソフィスト』の中で，その肯定的側面を，次のように述べている．「まことに，問答法における問答は，攻撃であり，また防守である．それはひとつのスポーツなのである．したがって，日常の会話や押し問答とは異なるものである．互いに同意し合う前提から出発して，相手に否応の返答の自由を許しつつ，パラドクスの結論に陥れる問答ごっこなのである．」「問答競技はパルメニデス[2]に発した論理的思惟が，プラトン[3]の問答法や，アリストテレス[4]の論理学に発展する重要な一段階をなすものであって，ギリシア思想が伝統的な治国斉家の教えや，狭い日常経験と世俗的人情のみに即するレトリックを超えて，飛躍的な発展を遂げるためにも，これら一切を無視するエリスティケー論理の破壊的な仕事が，充分な意義をもつものであったことを認めねばならないだろう．」

学問はゲームを目指した

このゲームとしてのエリスティケーは，学問的な数学の成立に対し

---

[1] 田中 美知太郎 (1902-1985)．哲学者，西洋古典学者．『ソフィスト』(弘文堂 1941，講談社学術文庫 1977) を著した．
[2] パルメニデス (紀元前 500 年または紀元前 470 年生)．古代ギリシアの哲学者
[3] プラトン (紀元前 427- 紀元前 347?)．プラトーン．古代ギリシアの哲学者．点，線，面，体などの定義を試みた．また，ピタゴラス数の一般解と，5 つの正多面体 (プラトーンの立体) を知っていたといわれている．さらに，証明方法として解析的方法を導入した．
[4] アリストテレス (紀元前 384- 紀元前 322)．アリストテレース．古代ギリシアの哲学者．『オルガノン』において，演繹的体系の基本原理を説明し，公理・公準・仮説・証明などの本質を明らかにし，形式論理学を整備した．

て，極めて大きい影響を与えることになる．ユークリッド[5]の『原論』[6]は，厳密な論証体系として構築されているが，そのモデルとなったのが，エリスティケーであった．『原論』の中で最初に設定された公理や公準は，エリスティケーでのゲーム前に互いに約束しあう合意事項である．そして，質疑応答こそ，定理であり，その証明である．特に，背理法による間接証明こそ，幾何学の発展を飛躍的にしたものであって，これはエリスティケーにおける矛盾の指摘に相当する．ユークリッドの公理体系が，普遍妥当性のある真理体系でありうるのは，その中に矛盾がないからである．これをエリスティケーなるゲームとして眺めてみれば，誰からも矛盾の指摘を受けない，つまり「誰にも負けないゲーム」となっているからである．したがって，「論理的に構築された学問は，誰にも負けないゲームである」と規定できる．この言葉は，学問は正にゲーム（遊び）であることを，積極的に主張した言明である．このように，学問が誰にも負けないゲームを目指すからこそ普遍性をもち，あらゆるものに適用され，役にも立つのである．この『原論』は幾何学だけではなく学問としての数論をも扱っている．しかしながら，俗なる計算術や測量術は扱っていないことを付記しておく．

束縛なき自由な遊び心の精神

数学を意味する英語のマセマティックスの語源はギリシア語のマテーマである．このマテーマは「学ばれるべきもの一般」を指していて，狭い意味での現在でいう数学ではなかった．このマテーマには，数論を意

---

[5] ユークリッド（紀元前330?-紀元前275?）．エウクレイデース．古代ギリシアの数学者．幾何学を体系化して『原論』を著し，後世に大きい影響を与えた．同じ幾何学書『データ』を著したほか，光学，天文，音楽などについても書いている．

[6] ユークリッド『原論』，紀元前3世紀頃．

味するアリスメティケー，音楽理論としてのムシケー，幾何学であるゲオメトリアと，天文学のアストロノミアの数学的四科を含んでいた．しかし，計算術，演奏術，測量術，占星術などの技術は，マテーマの中に含まれてはいなかった．これらの技術は学校で学ぶべきもの（学問）ではなくて，日常生活の中で自然に身に付けるべきもの（技術）と考えられていたのである．数論と音楽理論とは，数を取り扱う学問で，特にムシケーではピタゴラス[7]音階などの，音に関する数の理論が取り扱われていた．また，幾何学と天文学は図形に関する理論であって，天文学では天体運行の理論が扱われている．これをみても，数学は学問つまりマテーマそのものであったことが解る．

　ギリシアでは，全く実用性を意図せず，数学それ自身に対する興味と関心により，まさに遊びとして数学は発展した．ところが，このようなギリシア人たちの知的生活は，実利的なローマ人によって破壊されてしまった．続く中世社会においては，神にのみ縛られていて，俗の世界には関心をもたなかったがために，神学以外の学問は全く不毛であった．

　ここで，クライン[8]の言葉を聞くことにしよう．「数学，科学，哲学，芸術などにおけるローマ人の業績の不毛性は，実用性を動機としない抽象的思索を非難した実利的民族への当然の報いである．高度に理論的な数学者，科学者の研究を軽蔑し，この非実利性を責める民族は，実際的な発展がいかに起きるものかについて無知である，とはローマ史の起こした教訓である．」「ローマ文明が数学を産まなかったのは，彼らが

---

[7] ピタゴラス（紀元前582?-紀元前497?）．ピュタゴラス．古代ギリシアの哲学者・数学者．ピタゴラス個人または教団の業績として，図形数，完全数，親和数，無理数，三平方の定理，五つの正多面体の発見等のほか，ピタゴラス音階などの研究がある．

[8] クライン，モーリス（1908-1992）．アメリカの数学者．微分方程式などに業績があるまた『数学の文化史』は邦訳され，よく読まれているし，『数学教育現代化の失敗』も邦訳された．

もっぱら，実利的なことにのみ関心をもち，鼻から先はわからないような近視眼であったからである．一方中世は俗界ではなく神の世界にのみ関心をもっていて，もっぱら来世の準備をしていたから不毛なのである．一方の文明は地に，他方は天に縛りつけられていた．ローマ人の実利性が不毛をもたらし，一方，教会の神秘主義は事実上自然を完全に無視し，知性はその教養に限られ，創造的精神を妨げた．数学がこれら風土のどちらにも花咲かないことは，歴史上でいくらでも例のあることである．数学は自然界と結びつき，しかも同時に，人間社会の問題に直接解答を与えようと与えまいと，束縛なき思想の自由を許す文明においてのみ栄えうる．」

まさに，**何ものにも縛られない自由な遊び心の精神の中にこそ数学は栄え**，そのような精神が欠如した社会では文化は不毛になると述べることもできる．また，**自然界との結びつきをもたなかった文化は，高度なる数学を産まない**ことは，後でみるように，江戸時代の和算などにその例を見ることができよう．

西洋の数学史

ギリシアの栄光がヨーロッパでは完全に消えていた中世，西アジアのアラビアにギリシア数学が伝わると同時に，そこに言葉による代数学が起った．ルネサンス期のヨーロッパに，ギリシア数学がアラビアから逆輸入されるとともに，アラビアのこの言葉代数も持ち込まれ，ヴィエト[9]らによる文字代数へと進展してゆく．これがヨーロッパにおける**近代代数学**の起りである．その頃，ヨーロッパ各地に大学ができ，数学

---

[9] ヴィエト，フランソア（1540-1603）．フランスの数学者．『数学典範』（1579），『解析法入門』（1591）を著し，未知数だけでなく定数にも記号を用いたため，代数学の祖といわれる．円周率を無限積に展開したほか，暗号解読にも能力を発揮した．

の専門家たちが育っていった．そして各国にアカデミーが設置され，そこで出されるアカデミー賞は，数学者たちにとって大きな刺激となった．また，その少し後になるが，フランスでは貴婦人たちが主催するサロンが流行し，多くの数学者たちがそこで活躍した．17世紀になって，新しい数学である**微分積分学**が，ニュートン[10]やライプニッツ[11]によって誕生した．この数学は力学などに応用が可能であったために，18世紀後半，フランスを中心に飛躍的に発展した．しかしながら，その論理的基礎は極めて不十分なものであった．多産の数学者オイラー[12]の業績の中には，いくつかの誤りも散見されるという．そういう状況の中，サロンの常連のダランベール[13]は楽観的にも「進め，進め，真理はそのうちやってくるでしょう」と述べている．微分積分学の基礎が一応確立するのは，実用性を重んじたフランスから，数学のための数学を標榜するドイツ数学へと移行した19世紀になってからである．

　そして，19世紀以降の数学は，極めて抽象的なものとなっていった．

---

[10] ニュートン，アイザック (1642-1727)．イギリスの数学者・物理学者．『プリンキピア』(1687) において，万有引力の法則を発見し，力学上の理論体系を確立した．数学上では，微分積分学の発見や，代数方程式の根の近似や補間法に業績がある．光の粒子説を唱えた．

[11] ライプニッツ，ゴットフリート (1646-1716)．ドイツの哲学者・数学者．数学に関する論文は『組合せ術について』(1666)，『極大極小の新方法』(1684) などであるが，ニュートンとは独立に微分積分学を創始した．現代の記号論理学の出発点となると同時に，計算器を作ったことでも知られる．

[12] オイラー，レオンハルト (1707-1783)．スイス出身の数学者．『無限小解析入門』(1748) を著したほか，数学のあらゆる分野に業績を残した多産の数学者であった．いくつかのオイラーの定理，オイラーの公式，オイラーの方程式，オイラー関数，オイラー数，オイラー法などの名が残っている．

[13] ダランベール，ジャン (1717-1783)．フランスの数学者・物理学者．名著『動力学論』(1743) などを著した．数列の収束についてのダランベールの判定法や偏微分方程式でのダランベールの階数低下法があるし，力学面ではダランベールの原理やダランベールの逆理などがある．

カントール[14]の創始した**集合論**は，抽象的で数学にとって基本的概念であったがために，数学の基礎付けに不可欠のものとなっていったけれども，その中にラッセル[15]のパラドクスのような逆理が発見され，数学者たちを悩ませることになる．それについては別に詳述する．20世紀には，アメリカとロシアの両大国中心の数学となっていったのである．

東洋の数学史

古代インドでの数学は，祭壇設営の技術として発展したが，その中に世界で最も古いピタゴラスの定理についての記録があることは興味深い．西暦紀元前後の数世紀の間，ジャイナ教徒たちは，宗教観や宇宙論との関連で，組合せ，無限量，指数，弓形の計測などの理論を展開している．また，6世紀から7世紀にかけて，アーリヤバタ1世[16]やブラフマグプタ[17]らは，不定方程式論や幾何学図形の計量的考察を行っている．特に，負数や0，無理数をも含む基本的演算を体系化し

---

[14] カントール，ゲオルグ (1845-1918)．ドイツの数学者．カントールの実数論を確立した．また『超限集合論』(1895) などにより集合論を創始し，超越数の理論，点集合論等，20世紀数学の出発点を作った．いたるところ不連続なカントール集合，順序数のカントールの標準形などがある．

[15] ラッセル，バートランド (1872-1970)．イギリスの哲学者・数学者．素朴集合論の中にラッセル・パラドクスを発見した．その排除を目的として論理主義を標榜して，ホワイトヘッドと共同で『プリンキピア・マテマティカ』を著した．

[16] アーリヤバタ1世 (476-550?)．インドの天文学者・数学者．『アールヤバティーヤ』を著し，その中に，二次方程式，不定方程式，n個の整数の平方和，立方和の公式がある．また，三角法を使っての天体計算も扱っている．

[17] ブラフマグプタ (598?-660?)．インドの天文学者・数学者．『ブラーフマ・スプタ・シッダーンタ』を書き，共円四角形の面積，不定方程式や順列・組合せを取り扱った．

ている．また12世紀以降のバースカラ2世[18]やナラーヤナ[19]，ニーラカンタ[20]らが，当時のヨーロッパに劣らない業績をあげていることも，忘れるわけにはゆかない．

続いて中国数学についてみて行こう．中国では，官吏にとって必要な数学的知識の手引書として，数学書が書かれている．『算数書』[21]や『九章算術』[22]をみれば，そのことがよく解る．中国では，古典の解説書が書かれることが多かったが，数学も例外ではなく『九章算術』の解説書としては，劉徽[23]のものと李淳風[24]のものが有名である．唐の時代，祖冲之[25]らの親子が活躍したが，宋元の時代に古代中国数学の繁栄期を迎

---

[18] バースカラ2世 (1114?-1185?)．インドの天文学者・数学者．インド数学を集大成した『シッダーンタ・シローマニ』(1150) のほか『リーラーヴァティー』，『ビージャ・ガニタ』などを著した．1次不定方程式，順列組合せも扱っている．三角関数の加法定理は彼による．

[19] ナラーヤナ・パンディタ (1356頃活躍)．インドの数学者．『ビージャ・ガニタ・アヴァタンサ』，『ガニタ・カウムディー』(1356) を著し，数列特に三角数の数列の和を求めているし，非平方数の平方根の近似式を与えた．また魔方陣についても研究している．

[20] ニーラカンタ・ソーマストゥヴァン (1444?-1545?)．インドの天文学者．『タントラ・サングラハ』の中で，正弦，余弦の級数展開について述べている．『アールヤバティーヤ註解』において円周率の非通訳性を見抜き，『ゴーラサーラ』では円周率の近似値として355/113を用いている．

[21] 1983年中国湖北省江陵の張家山墳墓の埋葬品として出土した竹簡のなかに『算数書』と題された書籍簡があった．『九章算術』より古く，前漢頃の成立とされる．

[22] 1世紀頃に成立したとされる中国古算書．3世紀に魏の劉徽が注釈をつけた．

[23] 劉 徽 (263頃活躍)．古代中国の数学者．263年に『九章算術』の註釈を書き，内接正3072角形の周を計算して，円周率3.1416を求めている．また，『海島算経』も書いた．

[24] 李 淳風 (602?-670?)．古代中国の数学者・暦学者．算経十書の註釈を書き，その中で不定方程式の解法を説明した．また，補間法を用いて，新しい暦（鱗徳暦）を上程し，それは665年から728年まで施行された．

[25] 祖 冲之 (429?-500)．古代中国の数学者．『綴術』を著し，円周率の密率355/113を与えたが，本書は現在に伝わっていない．また1回帰年の長さを365.2428日とした．その大明暦は，510年から589年まで彼の没後に施行された．息子は祖暅（こう）．

える．それは，秦九韶[26]，李冶[27]，楊輝[28]，朱世傑[29]らによって，**天元術**による代数方程式の数値解法が開発されたからである．明の時代に入ってくると，天元術は忘れられたが，商業の発達とともに珠算が普及した．明の末期から王錫闡[30]，梅文鼎[31]らによる，復古的数学研究とともに，マテオ・リッチ[32]やワイリー[33]らの宣教師たちによる西洋数学の翻訳が盛んとなるが，それらに協力した中国の数学者として徐光啓[34]や李

---

[26] 秦 九韶（1208-1261?）．中国（南宋）の数学者．『数書九章』(1247) を著し，天元術による数値方程式の解法（ホーナー法）を扱っている．また，ヘーローンの公式と同値な三角形の面積公式を得ている．

[27] 李 冶（1192?-1279?）．中国（金末元初）の数学者．未知数を扱う代数（天元術）を発展させた．天元術現存最古の書『測円海鏡』(1248)，『益古演段』(1259) を著している．

[28] 楊 輝（1261 頃活躍）．中国（南宋）の数学者．『詳解九章算法』(1261)，『楊輝算法』(1274) などを著した．その中でさまざまな級数の和の公式を与えている．魔方陣も研究した．

[29] 朱 世傑（1249?-1314?）．中国（元）の数学者．『算学啓蒙』(1299)，『四元玉鑑』(1303) を著し，天元術を用いて高次方程式を解いた．パスカルの三角形を知っていた．前著は和算初期に大きい影響を与えた．

[30] 王 錫闡（1628-1682）．中国（清初）の天文学者．『図解』を著し，三角関数の加法定理について述べている．また，中国とヨーロッパの天文学の総合をめざした．

[31] 梅 文鼎（1633-1721）．中国（清）の天文学者・数学者．ヨーロッパの数学や天文学，暦学の知識を含む『幾何通解』，『方程論』のほか『暦算全書』を著した．特に最後の著書は日本にも伝えられ，これにより籌算や三角法等の知識が日本に入ってきた．

[32] マテオ・リッチ（1552-1610）．イタリア出身のイエズス会宣教師・数学者．中国で活躍．ユークリッドの『原論』を中国語に訳し，クラヴィウスの算術書の訳書として『同文算指』がある．また，世界地図『坤輿万国全図』を作った．

[33] ワイリー，アレクサンダー（1815-1887）．イギリス出身の宣教師．『数学啓蒙』(1853) を出版したほか，李善蘭らの協力を得て西洋の数学書『代微積拾級』(1859) などを中国語に翻訳している．これらの訳語は日本の数学用語に影響を与えた．

[34] 徐 光啓（1562-1633）．中国（明）の政治家・数学者・暦学者．リッチの口授をもとにユークリッドの『原論』などを中国語に訳したほか，『八線表』も著している．西洋天文学をもとに作った『新法暦』は 1645 年から 1723 年まで施行された．

善蘭[35]らをあげることができる．

日本の数学史

ここで，日本の数学について調べてみよう．奈良・平安時代，中国の算学制度が持ち込まれたけれども，まだ数学を必要とする社会状態にはなっていなかったため定着せず，算博士の制度も世襲となってしまい，全く機能しなかった．平安時代の中頃，子供の教育のために編まれた「口遊（クチズサミ）」の中に，九々の表と，竹を束ねたとき周囲の本数から竹の総数を求める「竹束問題」が扱われている．また，恐らく中国の『孫子算経』[36]からの影響と思われるが，「妊婦問題」や「病人問題」のような迷信的なものも扱われている．また平安時代に書かれていたものをみると，占いでの算木と数学での算木とを混同していたためか，数学が神秘的なものとして扱われている．それほど数学は社会の中から忘れ去られていたのである．

室町時代末期から戦国時代にかけて，城下町が形成され，商工業も発達してきたため，数学の必要性が次第に高まってきていた．丁度その頃，明との貿易の中でそろばんが輸入され，急速に日本全土に普及していった．このような社会状態の中，西宮在住の毛利重能[37]がそろばん

---

[35] 李 善蘭 (1811-1882)．中国（清）の数学者．ユークリッドの『原論』の後半9巻を翻訳したほか，ニュートンの『プリンキピア』やド・モルガンの代数学のほか，ルーミスの微積分をワイリーとともに『代微積拾級』(1859) として翻訳した．
[36] 『孫子算経』，不定方程式を含む古代中国（後漢）の数学書．この書の中に後世中国剰余定理と呼ばれるようになった問題が出ている．
[37] 毛利 重能 (1622頃活躍)．和算家．天下一割算指南の看板を掲げ，数学を教えた．

の解説書『割算書』[38] を著し，続いてその弟子である京都の吉田光由[39] が『塵劫記』[40] を著した．この本は，そろばんの解説を親切丁寧な図入りで説明し，「売買」「利息」「求積」「測量」などの日常計算のほか，「ネズミ算」「まま子立て」などのような，興味ある数学的遊びの問題を数多く含んでいた．この『塵劫記』は，遊びの精神をふんだんに盛り込んだ素晴らしい啓蒙書，教養書であって，そのために江戸時代を通じての超ベストセラーとなったのである．

『塵劫記』の初版が出て十数年後の版に初めて「遺題」なるものを載せた．この遺題というのは，ただ問題だけを提出し，その解答は後の学者の研究にまかせるというもので，以後，前に出された問題を解き，新しい遺題を載せた本を出版するという「**遺題継承**」の風習が始まった．その頃，豊臣秀吉の朝鮮出兵の際に，持ち帰ったと思われる朱世傑の『算学啓蒙』[41] の中にある天元術を，日本で最初に理解したのは，上方の橋本正数[42] のグループであった．橋本の弟子である沢口一之[43] が著した

---

[38] 毛利 重能『割算書』, 1622. 著者，年記が分かっている最古の算術書とされ，はじめて割算の割声が載せられた．

[39] 吉田 光由 (1598-1673). 和算家．数学書『塵劫記』(1627) を著した．また『古暦便覧』(1648) も著している．

[40] 吉田 光由『塵劫記』, 1627. 江戸時代を通じてベストセラーとなった．解をつけない問題（遺題）の提出は，その後の数学の発展に寄与した．

[41] 朱 世傑『算学啓蒙』, 1299.

[42] 橋本 正数 (1650頃活躍). 和算家，大明流の始祖．日本において，天元術を最初に理解した人といわれる．多くの弟子（沢口一之，橋本吉隆ら）を育てた．

[43] 沢口 一之 (1671頃活躍). 和算家．『古今算法記』(1671) を著し，『改算記』や『算法根源記』の遺題を解き，自らも15の問題を遺した．本書において，日本で初めて天元術の解説がなされた．

『古今算法記』[44]の遺題を解いたのが，関孝和[45]の『発微算法』[46]であった．
　また，日本の数学者—和算家—たちは，数学の問題やその解答を書いた**算額**——数学の絵馬——を，神社などに奉掲した．問題が解けたことを神に感謝するという気持ちもあったであろうが，むしろ一種の競技として，自分の研究成果を誇示する面もあったに違いない．その証拠に派閥競争の道具として，見苦しい泥試合を，算額の上で戦わせた例もあるからである．そのため，金沢の滝川有父[47]は弟子たちに算額を掲げることを禁じている．しかしながら，この掲額の風習は広く普及し，著書出版という手段をもたない地方の和算家たちの励みとなったことも確かである．このような風習は外国には全くみられないもので，良きにせよ悪しきにもせよ，江戸文化の一つであった．

和算の中の「無用の用」

　算木による道具代数を文字代数——傍書法による数式表現代数——へと発展させたのは，上方の和算家たちなのか，江戸の関流なのかはっきりしない．しかし，この表記法が開発されると，その便利さのせいで和算家共通の財産となっていった．和算はもともと実用上の要求—そろばんを利用した計算技術，測量，暦学—から出発したものであるが，江戸時代の産業技術や自然科学などが未発達であったせいもあって，和

---

[44] 沢口 一之『古今算法記』，1671.
[45] 関 孝和 (1645?-1708)．和算家．天元術をもとに，点竄術(代数学)を創始した．さらに，微積分にも相当する和算独特の円理の端緒を作り，ライプニッツより先に行列式を得ている．『発微算法』(1675) を刊行し，没後『括要算法』(1712) が出版された．
[46] 関 孝和『発微算法』，1675. 関はこの書の中で，未知数を消去して終結式に整理する方法を示した．
[47] 滝川 有父 (1787-1844)．和算家．『末詳算法』(1827)，『神壁算法別解』(1829)，『精要算法別術』(1831) などを著した．

算は外からの影響を受けることが極めて少なかった．

　したがって，和算家たちの関心事は，数学の中だけに生ずる数学的諸問題―数学のための数学―であった．一元方程式は何次であっても天元術によって解くことができた．傍書法を編み出した和算家が目指したのは，係数として現れる未知数は残して，天元としての未知数だけを消去することであった．このことを繰り返してゆけば，すべての未知数が消去され，最後は一元の方程式となって解が求められるはずである．このために世界に先駆けて**行列式の理論**が開発された．そして現代の目でみても正しい終結式の理論が完成したのである．もちろん和算家たちはそのことが正しいことを示す証明はもっていなかったけれども，それを求め得た直観力こそ高く評価しなくてはなるまい．これを開発したのも，上方算家たちが先なのか，関孝和らが先であったのかはっきりはしないのである．

　続いて和算家たちの関心事は，直径の与えられた円で弦の長さが分っているとき，その弧の長さを求める問題である．中国でも近似公式は得ていたものの，正しい公式を与えることはできなかった．関孝和の弟子の建部賢弘[48]が，世界で初めて**逆正弦関数のテイラー展開公式**としてこれを示した．建部の後を受けて，久留島義太[49]や松永良弼[50]らは，三角関数や逆三角関数の級数展開などを行い，また**行列式のラプラス展**

---

[48] 建部 賢弘 (1664-1739)．和算家．『研幾算法』(1683)，『発微算法演段諺解』(1685)，『算学啓蒙諺解』のほか『綴術算経』(1722)，『不休綴術』(1722)，『大成算経』(1710) などを著した．世界最初の逆三角級数展開の創始者である．

[49] 久留島 義太 (1758 没)．和算家．逆三角関数の無限級数展開，極値問題，行列式，整数論など，多くの分野で業績を残した．行列式のラプラス展開や，整数論でのオイラー関数（整数 N を分母とする既約真分数の個数 $\phi(N)$）はヨーロッパより早い．

[50] 松永 良弼 (1694?-1744)．和算家．主著『方円算経』(1739) では，三角関数，逆三角関数の級数展開を述べ，円周率を49位まで正しく求めている．関流最高の書『円理乾坤之巻』をまとめた．

開などもしている．続いて，安島直円[51]は**二重積分法**を開発し，多くの求積問題に強力な武器を与えた．また，和田寧[52]は諸種の定積分表を円理諸表として，数値解法の便に供している．また，法道寺善[53]の反転法は，直線と円との変換を扱ったもので，和算最後の花ともいえるものである．これらの成果は，応用を直接意識しないで，数学の内部から生じた自由な発想によるもので，「無用の用」ともいえるものである．

和算家たちは外の世界に関心をもたず，暦・天文や測量などの実用数学は，自分たちの研究している数学より一段下の初等的なものとして軽視していたように思われる．重積分を開発し，それを重心問題に適用できたものの，力学の問題へと発展させることはできなかった．このような和算家のしていることを「無用」なものとして，荻生徂徠[54]などに批判されても，まともに答えることはできなかった．江戸中期以降，ヨーロッパの科学や数学が，中国を通じて入ってきた時，サイクロイドなどの新しい曲線には興味をもち，転距軌跡へと推し進めてはいったけれども，それを運動学の一つとして捉えることは出来なかった．ユークリッドの『原論』も，その論理性は全く理解されず，そこに描かれている単純な図だけを見て，自分たちの数学のほうが高度であると思い込ん

---

[51] 安島 直円 (1732?-1798)．和算家．二重積分法を利用して円理を新しく発展させ，行列式のラプラス展開法や循環小数研究のほか，マルファッティ問題を解決した．没後遺稿『不朽算法』(1799) が編集されたが，それには対数表についての記述がある．

[52] 和田 寧 (1787-1840)．和算家．印刷刊行された著作はないが，級数展開を利用する積分法「円理豁術」の入門書『円理蠡口』(1818)，『異円算法』(1825) などを書き残した．円理表（定積分表）を作り，当時の数学者たちに寄与し，微分法についても，フェルマーと同じ方法で極値を求めた．

[53] 法道寺 善 (1820-1868)．和算家．諸国を遊歴し，各地で算稿を残した．中でも信濃に残した『観新考算変』(1859) が有名である．本書の内容は極形術，算変法，変形法などと呼ばれるもので，西洋での反転法に相当する．

[54] 荻生 徂徠 (1666-1728)．江戸時代の儒学者．

2. 数学史論 —数学におけるハレとケ—

だのであろう．そして，自分たち流派だけの閉じた仲間社会が作り上げられ，重要な知識は口伝として伝授され，外には秘密が守られた．このような閉鎖社会がこれ以上発展出来なかったことは明らかである．明治維新以降，和算が廃止され，洋算が採用される背景には，**和算の非実用性と和算の閉鎖性**があげられるであろう．どのような学問も，それ独自の世界（ハレの世界）に遊びながら，同時に日常世界（ケの世界）からの刺激を強く受けて発展しない限り，充分には開花しないことを示している．

第3章 数学論
―数学とは何か―

イデアの世界

　数学とは何かについて考える前に，数学の対象となっている図形と数について考察しておきたい．**ユークリッド幾何学**[1]では「点とは位置を持ち部分を持たないものである」，「線とは長さがあって幅を持たないものである」と規定されている．これでよく解っただろうか．じゃ位置ってなんだ，部分って何だろう．また長さとは，幅の定義はどうなるのだろう，と聞きたくなる．そのため点や線分の定義は問わないで無定義語として承認するのである．それではそのような点や線はこの世に存在するのだろうか．われわれが直観的にイメージするのは，紙に書かれた小さな点，また二つの点を定規を当てて引いた線分などだろうが，どのように小さく書いたとしても，それには大きさがあるし，半分に分割することもできる．だから上で定義された点ではありえない．また紙に書いた線はどれも幅があって上で定義された線ではない．だから現実に存在するのは，点や線ではない．**プラトン**[2]は**イデア**[3]の世界のものと規定し

---

[1] 幾何学体系の一つであり，古代エジプトのギリシア系哲学者ユークリッドの著書『原論』に由来する．

[2] 10ページ 注3参照．

[3] プラトンの言うイデアとは，我々の肉眼に見える形ではなく，言ってみれば「心の目」「魂の目」によって洞察される純粋な形を指す．彼にとってのイデアは幾何学的な図形の完全な姿がモデルとされる．

た．点や線分を無定義語として承認すれば，三角形は三つの点とそれらの2点を結んで出来る3本の線分として定義できるだろう．しかし具体的に与えた三角形はどれもある一定の大きさをもっていて，全く一般的な三角形を取りだす事は出来ない．われわれは具体的な図を書きながら，そこには見えない抽象的なイデアの世界の図形について考察しているのである．

公理系にある数学

それでは数とは何だろう．直観主義者である**ブラウエル**[4]は一つの物に他の物をつけ加える二・一直観により1から2が得られ，一般にnから$n'(=n+1)$が得られるから，自然数全体が得られるとした．自然数の世界では加法$m+n$が定義されている．また乗法$m \times n$もnをm回加えたものとして定義出来る．さらに0や負数も含めた整数を定義するには少し工夫がいる．自然数m, nの組$\langle m, n \rangle$の集合に$m-n$を対応させるのである．しかしこれでは$m-n$に対応する組は無数にあるので，二つ組$\langle m, n \rangle$と$\langle p, q \rangle$が同じであるということを$m+q=n+p$として定義する．そうするとうまく整数全体に対して加法，減法，乗法が定義される．続いて$n \neq 0$なる整数m, nの組$\langle\!\langle m, n \rangle\!\rangle$の集合に$m/n$を対応させる．ただし$nq \neq 0$のとき，二つの組$\langle\!\langle m, n \rangle\!\rangle$と$\langle\!\langle p, q \rangle\!\rangle$が同じとは$m \times q = n \times p$と言うことであると定義すれば，加減乗除の可能な有理数全体が定義される．続いて個々の実数なら有理数の**コーシー列**[5]と

---

[4] ブラウエル，ライツェン (1881-1966)．ブラウアー．オランダの数学者．トポロジーにおいて不動点定理をはじめとする多大な業績を残し，また数学基礎論においては直観主義数学の創始者として知られる．

[5] 数列などの列で，十分先のほうでほとんど値が変化しなくなるものをいう．基本列，正則列などとも呼ばれる．実数論において最も基本となる重要な概念の一つである．

して定義することはできる．しかしながら，実数全体 $\mathbb{R}$ はこのような構成的な方法では定義できない．実数全体は幾何図形の時と同じように，前もってイデアの世界のものとして与えられているとしなくてはならない．その後 $\mathbb{R}$ の存在を認めれば複素数も考えられるし，n 次元空間すら考えられるようになり，現在の数学の対象がそのまま取り扱えるようになる．しかしながら，この実数全体 $\mathbb{R}$ を承認することは，神様が創造した予定調和の世界を認めることになり，結局宗教と同じことになってしまう．その後出て来るものはすべて幻の世界であって，何ら明確なる根拠を持たない魑魅魍魎の世界である．したがって複素数論に依拠した**代数学の基本定理**[6]など，この立場に立てば幻想の世界のものだといえよう．実数全体 $\mathbb{R}$ を承認すれば，先程定義が困難であった点や線分の定義も明確になされるようになる．x と y を任意の実数としたとき，その順序対 (x, y) を点と定義するのである．点全体の集合 $\mathbb{R}^2$ が平面であるし，$\mathbb{R}^3$ は空間である．平面上の直線は二つの変数 x と y の一次方程式と定義されるし，空間内の平面は三つの変数 x, y, z の一次方程式として定義できる．また異なる 2 点 (a, b) と (c, d) を結ぶ線分は $(d-b)(x-a) = (c-a)(y-b)$ を満たす点 (x, y) の集合として定義される．後は**解析幾何学**[7]や**微分幾何学**[8]の手法を使って，幾何学上の諸問題を解くことが出来る．しかしながら，幾何学をこのように視覚的な幾何学図形から離れて，数式処理の学問として取り扱うことは，補助線を思いつくなどのインスピレーションを基盤においたギリシア伝統の

---

[6] 「次数が 1 以上の任意の複素係数の 1 変数代数方程式には複素数解が存在する」という方程式論の定理．1799 年にガウスが学位論文で最初に証明を与えた．

[7] 座標を利用して代数的な算法によって二次元・三次元ユークリッド空間の図形の性質を研究する幾何学の一つの分野であり，図形のもつ性質を座標のあいだにあらわれる関係式として特徴づけたり，代数的に図形を操作したりする幾何学のこと．

[8] 微分を用いた幾何学の研究を指す．ガウスに始まるといわれている．

初等幾何学[9]の面白さは消えて，**デカルト**[10]伝来の汗と根性によるパースピレーションの幾何学になってしまい，面白くないものになってしまった．つまり人間ではなく機械にでもやらせればよいものであると言えよう．

　数学の対象がイデア世界のものとして天下り的に与えられているとすると，後は公理的に数学は建設できる．いくつかの数学的対象を無定義語として採用し，それらの間の関係を有限個の命題群（公理系）として仮定し，同じく有限個の推論規則を許した体系として構築するのである．公理系の設定の仕方によって数学は異なってくる．さまざまな公理系が考えられる中で最も重要なのはこの公理系が矛盾を含まないという要請である．続いて公理として設定されている命題がそれぞれ独立であることも要請される．もう一つ公理系に要求されるものとしては，このような公理系を表している数学（モデル）が一つだけかということが挙げられる．つまり実態としての現実世界をその数学が忠実に表しているかという問題である．しかしながら，逆にその公理系を満たすモデルが多いほど，多方面にその数学が応用される可能性を含んでいるといえるのではあるまいか．

---

[9] 二次元・三次元の図形をユークリッド幾何学的に扱う数学，幾何学の分野．ここでいうユークリッド幾何学的方法とは図形を直接取り扱う方法であり，補助線などを用いて基本的原理である公理系や定義から平面・空間における具体的かつ幾何学的な命題・定理を証明していく方法を指す．

[10] デカルト，ルネ (1596-1650)．フランスの哲学者，数学者．2つの実数によって平面上の点の位置（座標）を表すという方法は，デカルトによって発明された．

数学基礎論 ——数学は無矛盾か

ここで数学的真理は絶対的に正しいと言えるのか,という問題について考察しておきたい.前で少しふれたように,**カントール**[11]の集合論が生れて以降,いわゆる**ラッセル**[12]のパラドクスなどが見つかり,数学者たちにショックを与えた.このラッセルのパラドクスというのは,集合xの要素としてはx自身を決して含まないような集合をRと定義する.つまり,$R = \{x | x \notin x\}$とするのである.すると,任意の集合xに対して,$x \in R \Longleftrightarrow x \notin x$が成立する.この$x$に$R$を代入すれば,$R \in R \Longleftrightarrow R \notin R$という明らかなるパラドクスが発生するのである.それを避けるために,集合を作るために用いられる命題に$x \notin x$のようなものを禁止すれば,目先のパラドクスは避けられる.しかし,このような対症療法では,今後どのようなパラドクスが発生するとも限らない.今後,絶対に矛盾が生じることはないことを示そうとして,数学基礎論なる研究分野が誕生した.その立場として有名なのが,論理主義,直観主義,形式主義であるが,ここではブラウエルの直観主義と,**ヒルベルト**[13]の形式主義だけを簡単に解説しておく.

---

[11] 15ページ 注14参照.

[12] 15ページ 注15参照.

[13] ヒルベルト,ダフィット (1862-1943). ドイツの数学者.「現代数学の父」と呼ばれる.彼の業績は多岐にわたるが,特に公理論と数学の無矛盾性の証明に関する計画はヒルベルト・プログラムと呼ばれ有名.

直観主義

　ブラウエルの直観主義では，数学を生きた人間の精密なる思考活動そのものであると主張する．また，いかなる科学も，それが精密なる思考を含んでいる限り，数学を中に含んでいる．したがって，いかなる学問も，哲学や論理学さえも，数学の基礎とすることはできない．なぜなら，数学を含んでいる科学を，数学のための基礎として仮定することは，循環論となるからである．このような意味で，数学には他にそれの基礎となるべき科学がないので，数学概念構成やその証明の根拠を与えるものは，直観以外にはない．ブラウエルの直観を，何か神秘的なもののように考えてはならない．むしろ，われわれが幼児のときから，日常生活の中でいつも体験していることなのである．幼児がどのようにして数を獲得してゆくのかを反省してみよう．目が見え始めた嬰児は，いつも目の前に現れる母親と，他のものとの区別を知ることから，同じものという認識と，一つのものと他のものとの区別を認識していく．続いて時々目にする父親との区別から，一つのものと他の物を合わせた新しいものという概念（ペア概念2）を獲得していくのだろう．（ブラウエルはこの直観を二・一直観と呼んでいる．）以降はかなり成長してからになるかもしれないが，兄弟や祖父母などの存在が追加され，数の概念は大きくなっていく．もちろん，数概念は人間の数え方に対してだけではなく，同じ種類のものに対して獲得されてゆく．つまり，これを一般的にいえば，n 個のもの（数）という概念を獲得した人間が，1つのものを追加するという二・一直観により，次なる数 $n' = n+1$ が獲得される．このようにして，1なる数と次なる数を繰り返すだけで，すべての自然数が獲得できるのである．続いて，個々の自然数だけではなく，0や負数をも含めた整数概念，さらに有理数までも構成的に作り上げてゆく．また有理数のコーシー列によって，個々の実数すら定義される．ブラウ

エルはこのような根源的直観によって構成される対象だけを数学的存在と認め，構成的には導入できないものを，数学の中に持ち込むべきではないと主張している．この意味ではブラウエルの直観主義を構成主義と考えた方が，その立場を理解し易いであろう．このようにブラウエルは直観を数学の基礎に置いた．その直観によって捉えられるものは，人によって異なる可能性があるため，その上に築かれた数学はそれぞれ異なっている．したがって，ブラウエルは「数学は数学者の数だけある」と述べている．

　直観主義者にとって「命題 A が正しい」というのは「A が成り立つことを構成的に示すことができる」という意味である．「A でない（$\neg A$）」とは「A が成り立つことが構成的に示されたと仮定したとき，このことを利用して，矛盾があることが構成的に示される」という意味である．このように考えると，直観主義では「排中律 $A \vee \neg A$（A または $\neg A$）」は必ずしも成立しない．なぜなら，この排中律が正しいのは

1) A が成り立つことが構成的に示されるか，または

2) A が成り立つことが構成的に示されたと仮定すると，矛盾が出ることが構成的に示される

という意味であったが，数学の中には「A である」ことも「A でない」ことも解っていない命題はいくらでもある．したがって，1) も 2) も成立していないので，排中律は成立しないのである．これに対して，A であるのか，A でないのか，現在の数学で解決されていないだけで，いつかは解決されるべきものなのではないのか，という疑問を持つ人がいるかもしれない．ところが，そこが直観主義の人間主義のいわれであって，前もって決まっているというような高踏的なことは言わないのである．同様にして「二重否定律 $\neg\neg A \Rightarrow A$」なども成立しないし，背理法による証明すら認めていない．このように見てくると，直観主義ではこれまで

正しいと考えられてきた数学の大半を失うことになる．絶対に安全と考えられている中学や高校の数学の中にすら，直観主義者に認められない部分があるのは，少しゆき過ぎかもしれない．パラドクスを恐れるあまり，直観主義は必要以上に数学を矮小化してしまったといえるであろう．

形式主義

　次にヒルベルトの形式主義についてみて行こう．ヒルベルトは論理学や集合論をも含めて，数学を徹底的に無味乾燥な形式的学問として提示する．そこでは記号列として命題が定義され，いくつかの命題が公理として採用される．続いて，いくつかの命題たちの記号の変換規則として，推論規則が約束される．これら公理と，推論規則からなるものがヒルベルトの公理体系であって，そこに意味は付与されていない．現在よく利用されている形式的公理体系に，**ツェルメロ**[14]**・フレンケル**[15]による **ZF 集合論**[16] と呼ばれる公理体系があるが，現在の数学の大半をカヴァーできているため，一応満足できるものと考えられている．しかし，この公理体系には論理学や集合論が含まれているため，果たしてそこに矛盾を含まないことがいえるのだろうか．そのため，ヒルベルトはこの形式的公理体系について考察する学問を**メタ数学**[17] と呼び，無矛盾証明をこのメタ数学の中で行おうとした．しかし，そのメタ数学でも論

---

[14] ツェルメロ，エルンスト（1871-1953）．ドイツの数学者，論理学者．特に集合論に業績を残した．

[15] フレンケル，アドルフ（1891-1965）．ドイツ生まれで後にイスラエルに移住したユダヤ系の数学者．公理的集合論で有名．

[16] 公理的集合論において，集合の公理系として用いられる．

[17] 超数学ともいう．数学自体を研究対象とした数学のこと．超数学という語を初めて用いたのはヒルベルトであり，彼は数学の無矛盾性や完全性を問題とした．

理を使うはずである．その論理に矛盾があってはならない．そこでヒルベルトはこのメタ数学では，矛盾の出る恐れのない構成的で，有限的な立場（有限の立場）に立って推論を進めることにした．この立場は直観主義の立場に近いもので，排中律などは認められない．ここに直観主義が形式主義に与えた影響をみることができる．もし，数学の公理体系（たとえば ZF 集合論）に対して，ヒルベルトのプログラムに従って無矛盾性証明が完結すれば，カントールの楽園[18]を放棄することなく，数学を安全のものとして認知することができるはずである．しかし，そうはいかなかった．現在の段階ではその無矛盾性証明は非常に困難なものであることが解っている．そうかといって，矛盾が出そうな気配があるわけではなく，ますます信頼が置けるという気持ちも強くなっていることも確かである．しかしながら，非構成的な実数全体 $\mathbb{R}$ を基盤に置いている現代の公理的数学の無矛盾性証明が出来ていない以上，現在の数学はイデア論か神様にでも依拠しない限り，幻の学問といえなくもない．

非ヨーロッパ系数学[19]

　数学論としての最後に，数学は一つだけかということについて触れておこう．数学の歴史を眺めてみると，ギリシアの数学，アラビアの数学，インドや中国の数学また和算というように文化の多様性とともに，様々な数学が存在してきた．しかし，近世のヨーロッパ数学以降，ど

---

[18] カントールが築いた集合論のこと．ヒルベルトは，「カントールの楽園から我々を追放するようなことは誰にもできない」と述べた．
[19] 非ヨーロッパ系数学としての和算を捉えた文献として，屯候「非ヨーロッパ系数学としての和算」(「理系への数学」，2003 年 3 月) がある．

の数学もヨーロッパ数学へ一元化されていったようにみえる．ところが，ブラウエルの主張のように，数学者の数だけ数学があるという見方もあるし，公理的数学にしても，公理の設定によって異なる数学が出来るのである．たとえば，ユークリッド幾何学と**非ユークリッド幾何学**[20]のように．またヒルベルトの形式主義にしても，形式主義的数学とそれに対するメタ数学という数学二本立て論に立脚している．数学を現在の数学の見地からのみ一元的に眺めないで，さまざまな数学が存在しうるとみることは，数学史を眺めるものにとって楽しいことではないだろうか．

---

[20] ユークリッド幾何学の平行線公準が成り立たないとして成立する幾何学の総称．代表的なものとして，楕円幾何学や双曲幾何学がある．

日本数学教育史
─落ちこぼれと学力低下の歴史─

　日本における数学教育の歴史について概観しておこう．

　律令制の中に大学寮が設置され，算生たちは中国の『九章算術[1]』などによって数学を学んだ．しかし，学習は数学書の内容を丸暗記するものであったらしく，試験も数学書中の文章の一部を伏せたものが出題され，その空白部分を答えるようなものであったらしい．当時の日本の社会状態はそれ程，数学を必要としていなかったためか，この制度は定着しなかった．治承元年（1177年），大学寮が全焼したが，再建すらされず大学寮は閉鎖された．

　その後の数学に関して言えば，長い空白の後，室町・戦国時代に中国からそろばんが輸入され，商業が盛んになってきていた時代背景もあって，急速にそろばんは普及していった．

落ちこぼれのない自主学習

　江戸時代初期，毛利重能[2]が『割算書』を，また吉田光由[3]が『塵劫記』を著した．特に，『塵劫記』は楽しく学べるように工夫された絵入りの問

---

[1] 16ページ 注22 参照．

[2] 18ページ 注37 参照．

[3] 19ページ 注39 参照．

題集で，問題と答えは書かれてはいるが，なぜそうなるのかの詳しい説明もない．そこで，子供たちは寺子屋に通ったのである．

といっても，現在の学校とは全く違っている．寺子屋に通う子供たちの年齢も，学力もまちまちであるから，学年というものがない．学習内容も一人ひとり異なっていた．習字を習う子がいるかと思えば，隣ではそろばんをはじいている．解らないところがあると，先輩（必ずしも年上とは限らず，その部分を既に学んだ人）に聞き，それでも解らないときには先生に聞くといった類である．まさに，**自主学習・個別教育**の時代であった．

現在のように，同一年齢の子供たちを集めた一斉授業ではないので，順位づけという成績評価がない．したがって，落ちこぼれもない．寺子屋での学習方法も，なぜというよりも，どのように解けば答えに到達できるかの技術を体得するものであった．先生もカリキュラムをもたず，単にテキストを与え，質問に答えるだけで，なぜそうなるのか，また一般的な公式なるものを教えることもしなかった．

たとえば，直角三角形の直角頂点から斜辺に垂線を下ろしたとき，分割されて出来る二つの直角三角形は互いに相似になる，などということは教えてもらえない．自ら発見し，後の問題ではそれを利用して解くのである．先生から教えられた知識に比べて，自ら発見した知識は何よりも大切なものであるから絶対に忘れない．これが**体得的学習**の素晴らしい所である．

和算から洋算へ

嘉永6年（1853年）のペリー来航[4]後，国防の必要上から，西洋の軍事あるいは航海術などを学ぶ必要に迫られてきた．ところがこれらのテキストの中に数学が現れてくるし，そこに出てくる数式などを理解するためには，日本の数学（和算）では都合が悪いということになり，西洋の数学（洋算）を学習せざるを得ないということになったのである．安政2年（1855年）にオランダから贈られた汽船の運用伝習所が長崎に置かれ，そこでオランダ人から西洋数学を初めて学んだ．その船が安政4年に江戸湾に入ると間もなく，築地に海軍教授所が設けられ，洋算が航海術とともに教授されるようになった．

同じ安政4年，大坂の福田理軒[5]が洋算入門書『西算速知』を出版し，また同じ年に江戸では柳河春三[6]が『洋算用法』を刊行している．さらに，文久3年（1863年）には，幕府の開成所に数学局が設けられ，制度的に洋算の必要性が認められるようになってきた．

しかし，和算家の大多数は，洋算よりも和算の方が秀でていると信じ，相変わらず和算研究を続けていたのが実情である．

そのような状況の中，慶応3年（1867年）幕府は倒れ，大政奉還され，新政府が誕生した．新政府の課題は「いかにして欧米先進国に追いつくか」という点であったため，どうしても実用の学でなければならず，

---

[4] 嘉永6年（1853），マシュー・ペリー（1794-1858）代将率いるアメリカ合衆国海軍東インド艦隊の蒸気船2隻を含む艦船4隻が日本に来航し，開国を迫った．ペリー艦隊は翌嘉永7年にも浦賀に到来し，日米和親条約を締結した．

[5] 福田 理軒（1815-1889）．和算家．洋算家．『順天堂算譜』（1847），『西算速知』（1857），『算学速成』（1859），『算法玉手箱』（1879）などを著し，洋算の普及に尽した．

[6] 柳河 春三（1832-1870）．洋学者．算用数学を用いた『洋算用法』（1857）を著した．また，『算法珍書』（1869）も書いている．

洋算の専用こそ必然的な帰結であった．かくして明治5年（1872年），学制が布かれ，和算廃止，洋算専用と決まったのである．

　この和算廃止令は権力による強制的実施であって，教育の現場に大混乱をもたらした．特に和算廃止とともにそろばんも禁止となり，筆算中心の授業を行わなければならなくなった．

　しかし，当時そろばんという便利な器具を用いて行うこの計算法は，江戸時代を通じての古い伝統をもっていて，日常生活の中に定着しており，文部省の単なる規則だけによって，簡単に廃止できるようなものではなかった．実用的にもはるかに筆算よりそろばんの方が便利であったし，そろばんを用いての計算法は，計算結果や計算過程すら視覚に訴える効果があり，数の位どりや桁上がりなどの理解も，指の操作によって体得するものであった．これこそ体得的学習の良い例であろう．また洋算を教えることのできる先生も，地方によっては皆無に等しい状態であった．翌明治6年に文部省はやむを得ず筆算と珠算の併用を認め，さらに明治7年には珠算のみの授業をも承認するように変わっていった．

一斉授業と求答主義

　文部省は学制発布に先だち，東京に直轄の師範学校を設け，そこに，アメリカ人スコット[7]を招いて近代的教育指導の中心を作ることにした．この師範学校では，新しい教授法を伝授して，新時代の教員養成を行うとともに，小学教則を制定し，また新しい小学校教科書も編集した．とくに算術の授業はスコット自身が直接行い，当時アメリカで盛んで

---

[7] スコット，マリオン（1843-1922）．アメリカの教育者．師範学校教師として来日し，数学と英語を教え，当時アメリカで実験的に行われていたペスタロッチ流直観主義教育を日本にもちこんだ．

あったペスタロッチ[8]思想に基づく直観主義的・開発主義的な算術教育の方法をそのまま導入し，明治6年に師範学校の編集による『小学算術書』が発行されたが，この内容は子供たちの自然な開発をはかろうとする極めて進歩的なものであった．

しかし，当時の日本の教育界はこのような立派な教科書を使いこなす所までに達していず，欧米輸入の**学級一斉授業**の方法を形式的に模倣することに全力が注がれ，暗記を主とする**注入教授**が一般の情勢であったため，この先進的な教育思想は当時の教育界に根をおろすことなく姿を消していった．（その後10年ばかりして，このペスタロッチ思想はふたたび見直されることになる．）

明治10年（1877年）の西南戦争のあと，自由民権運動が起り，先に制定された強制的な学制に対する批判が強くなってきた．そこで明治12年にアメリカ的な自由放任主義的な新教育令を出したが，この結果，児童の就学率は低下し，小学校教育を後退させる傾向が生じてきたため，翌明治13年に改正教育令を出してこれを防止した．一方では，明治初期の文明開化の洋化主義を批判した**復古思想**も盛んとなってきた．数学教育面でもそろばんの教科書が多く出版されたり，江戸時代の和算書風の教科書（たとえば『明治小学塵劫記』などのように『塵劫記』という名称がつけられた教科書）が出版されるなど，復古的傾向が強くなってきた．明治10年代は，日本国内は平和になり，日本の産業も進展し始めた．中産階級の子弟などは，学問によって身を立てさせるのが一番だと考え，上級学校へ進ませようとする風潮が強くなってきた．

その結果，明治11年には公私立を合わせて中学校の数が八百校近く

---

[8] ペスタロッチ，ヨハン，ハインリッヒ（1746-1827）．スイスの教育実践家．スイス革命後の混乱の中で孤児や貧民の子などの教育に従事した．人間の諸能力の調和的発展を教育の目的とする理念や実践は，近代の教育界に大きな影響を与えた．著書に『隠者の夕暮』（1780），『リーンハルトとゲルトルート』（1781-1787），『ゲルトルート児童教育法』（1801）など．

まで増えてきた．それだけ質の良くない学校も目立ち始めたため，文部省は各府県に1校しか置くことができないということにし，その代わり立派な学校を作るという方針をとった．したがって，明治20年（1887年）には中学校の数は公私立合わせて48校にまで減ってしまったのである．一時沢山あった中学校が急に減ってしまったにも関わらず，入学希望者はどんどん増加するため，入学試験は極めて厳しいものとなってきた．現在にもある受験戦争の厳しさは，明治10年代に始まっているといえよう．

特に数学についていえば，明治13年に尾関正求[9]の『数学三千題』という受験用問題集が出版され，ベストセラーにまでなった．この本の体裁は和とじで上中下の三分冊に分けられており，記述の方式も昔の和算書と同じように無系統に文章題ばかりが各巻千題ずつ並べられていて，各巻末に答えが示されているだけで，内容的説明は何一つない．数学的内容の理解とか，論理的な思考はどうでもよく，問題を多く解き，答えが合いさえすればよいという**求答主義**であって，これは和算以来の伝統的態度であった．しかもこのような考えは現在にも強く残っていて，**受験数学**の原型はここにあるといえる．このような本がベストセラーにまでなったのは，当時の復古調的風潮にうまくのったことと，この三千題だけをやっておけば，入学試験に受かるという受験生の心理にぴったりしたからであろう．明治10年代はこのような三千題流の流行と並行して，珠算も大いに行われた．

また従来の丸暗記式・注入式一斉授業への反省から，ペスタロッチによる一人ひとりの個性を生かそうとする開発主義教授法がふたたび見直

---

[9] 尾関正求（1879頃活躍）．数学啓蒙家．『数学三千題』(1879) はベストセラーとなった．また，吉田万作とともに『小学珠算階梯』(1879) も著したほか，『幾何問題集』も著している．

されるようになったのもこの頃のことである．

明治20年，フランス留学から帰ってきた東大の天文学者寺尾寿[10]は，この求答主義を批判し，「数学は理論的でなければならない」として，**理論算術**を提唱し，一世を風靡した．

菊池大麓と藤沢利喜太郎

これより先，菊池大麓[11]は9年間のイギリス留学を終えて，明治10年に我が国最初の数学専門家として帰国し，その後の数学および数学教育の指導者となった．我が国の数学教育は新しい直観的なアメリカ流から，古いヨーロッパ流へと逆戻りすることになった．菊池は明治20年代前半に『初等幾何学教科書』とその解説書『幾何学講義』を出版し，幾何学はわれわれが住んでいる空間の性質を研究する学問であるから重要であるが，演繹的推理の方法を練習するのに最も適した学科であると述べている．

この菊池の幾何学にせよ，先の寺尾の理論算術にせよ，これまで論理的伝統のなかった日本人に対して，**論理の重要性**を教えてくれたという意味で極めて重要な意味をもっている．しかし，欧米諸国では，このような古いユークリッド[12]的な論証的数学教育からの脱皮が試みられた頃でもあった．

---

[10] 寺尾 寿 (1855-1923)．天文学者．日本の天文学教育の基礎を築いた．また，『中等教育算術教科書』(1889) を著し，理論算術を提唱した．

[11] 菊池 大麓 (1855-1917)．数学者．西洋数学の導入に尽力した．『初等幾何学教科書』(1889) を著したほか，解析幾何学や論理学のテキストも著している．

[12] 11ページ 注5 参照．

続いてドイツ留学から帰国した東大数学教室の藤沢利喜太郎[13]は，求答主義を非難すると同時に，片や理論算術をも批判し，また次第に影響力を強めてきていた直観主義にも反対し，クロネッカー[14]直伝の**数え主義**を持ち込んだ．

明治33年（1900年），藤沢の考えが強く反映された『算術科教則』が出版された．この『教則』の三本の柱について見ておこう．

第一の「日常計算の習熟」については一番重点が置かれていて，問題の配列などに工夫がみられる．しかし，普通の算術の中には理論なしという藤沢の思想に基づき，計算技術の習得と数量知識の伝授に重点が置かれ，学習形態も訓練による注入的な方法がとられている．

第二の「生活上必須の知識」については，極めて不十分な形でしか取り扱われていない．その題材にしても，子供たちが大人になってから必要となる商業算術的なものばかりで，いまの子供たち自身の日常生活とは無縁なものであった．

第三の「思考の精密化」については，論理的思考の養成が一般的な**形式陶冶**につながるという考えに立っていた．算術では暗算による思考力の陶冶をねらっていた．

菊池は幾何と代数は別学科であると主張し，幾何学の中に代数的手法を利用することを禁じたが，藤沢は算術・代数・幾何の各分科の間には画然たる区別があって，算術の問題を解くのに代数的方法を用いたり，

---

[13] 藤沢 利喜太郎(1861-1933)．数学者．関数論，楕円関数論に業績がある．『生命保険論』(1889)を著したほか，数学教育にも力を尽くした．『算術教科書』(1896)，『初等代数学教科書』(1898)などの教科書のほか，『数学教授法講義』(1899)も著している．

[14] クロネッカー，レオポルト（1823-1891）．ドイツ（ポーランド出身）の数学者．代数方程式の解についてのクロネッカーの定理，行列の積としてクロネッカー積やクロネッカーの記号 δ がある．虚2次体上のアーベル体が虚数乗法から得られるという「クロネッカーの青春の夢」は高木貞治により解決された．

図形を利用したりすることに反対した．代数では計算の規則を規約として扱い，図を用いてそれを説明したりすることを禁じ，理科への応用を排除し，関数概念なども除外した．幾何では実験実測を排し，論理的厳正さを重んじた．現在の立場からすれば奇異にも思えるが，いわゆる**融合主義を排除**したのである．

御大の菊池の庇護のもと，明治37年（1904年）藤沢は国定の「黒表紙」教科書を編纂し，30年間にわたって日本の数学教育を牛耳ったのである．この教科書は形式陶冶説に根ざしており，学習者の気持ちということは一切考慮せず，数学的訓練を強制するものであったため，多くの数学嫌いを発生させた．

近代化運動の幕開け

日本で菊池・藤沢の数学教育観が確立した頃，欧米ではそのような数学教育に対し反対の火の手があがり始めていた．1901年（明治34年），イギリスのペリー[15]は「数学の教育」と題して熱烈なる講演を行った．この講演の要旨を抜き出してみると次の八つになる．

(1) ユークリッドの形態から完全に脱却すること，
(2) 実験幾何を高度に重んじること，
(3) 数学の実用的方面を高唱したこと，
(4) 立体幾何を重んじること，
(5) 実用的な諸種の測定を重んじること，
(6) 方眼紙の使用を奨励したこと，

---

[15] ペリー，ジョン (1850-1920)．イギリス（北アイルランド出身）の数学教育者．若い頃，日本の工部大学校で教えた．『技術者用微分積分学』(1895)，『実用数学』(1899) などを著し，数学教育改造運動の提唱者であった．

(7) 微積分の思想をなるべく早く得させること，
(8) 試験のための数学から脱却すること，

などである．論理中心よりも直観性を重んじ，実用性のある数学教育を目指す運動，つまり**近代化運動**の幕開けである．日本でも，大正時代に形式陶冶説が批判され，近代化運動の芽も出始めていた．

この影響により発足したのが，昭和10年（1935年）からの「緑表紙」教科書といわれる『小学算術』である．この『小学算術』の教師用の凡例に，算術教育の目的として次のように記されている．

「尋常小学算術は，児童の数理思想を開発し，日常生活を数理的の正しくするように指導することに主意を置いて編纂してある．」

この緑表紙教科書の編纂者である文部省の塩野直道[16]は，藤沢による「教則」と，この「凡例」との違いを次の四点にまとめている．第一は，教則では算術に理論なしという藤沢の考えに基づいているが，凡例では**数理思想**を養うという表現により，小学算術にも数理があるという建前をとっていること，第二には，教則が計算技術の習得と数量知識の伝授という立場をとるのに対し，凡例では数理的な思想を養い，日常生活の**数理的訓練**をするという立場をとっていること，第三には，教則が一般的な思考陶冶を目的としているのに対し，凡例では**数理的な考え方を陶冶**するという意味で数理思想の開発を期していること，第四には，教則は訓練による注入的な方法を示しているのに対し，凡例では「開発する」「指導する」という表現で，**児童の自発的な活動**を助長する行き方を示している，などとしている．

緑表紙教科書が発行されている途中の昭和12年には日華事変が起り，全巻完成した翌年の昭和16年には太平洋戦争へと突入していっ

---

[16] 塩野 直道（1898-1969）．数学教育者．数学教育改造運動に立脚した小学校・中学校の算数・数学教科書を編集した．著書に『数学教育論』，『数量と計算』などがある．

た．このような時勢の中，教育も戦時体制へと動いてゆき，国民学校令の公布によって従来の算術は理科とともに理数科の中に含められるようになり，名称も算数と改められた．

「理数科算数」の教授要旨は次のようになっている．「理数科算数ハ数，量，形ニ関シ国民生活ニ須要ナル普通ノ知識技能ヲ得シメ，数理的処理ニ習熟セシメ，数理思想ヲ涵養スルモノトス．」

昭和16年（1941年）に第1，2学年用の「カズノホン」が発行され，昭和18年に全学年が完成した．この教科書の表紙が水色であったことから，「水色表紙」教科書と呼ばれている．この水色表紙も緑表紙と同じように，ペリー運動の精神によって作られているので，一応緑表紙と同一系統に属するものと考えて差し支えない．

しかし，次のような諸点についての違いもある．緑表紙の凡例では，「数理思想の開発」を主として取り上げているのに対し，この要旨では数理思想はむしろ従属的なものとなり，国民生活に須要な「知識技能」や「数理的処理」に習熟させることが中心となっている．また「日常生活」が「国民生活」となり，「指導」が「習熟」となっているほか，「開発」が「涵養」と変えられている．これらの点からみても，緑表紙教科書で高く掲げられた児童中心主義の新教育思想は後退して，皇国民の基礎的錬成の思想が中核となっていることが解る．

小学校の算数教育の改革に応じて，中等学校のほうも何とかしなければならないという機運は昭和12年頃から起ってはいたが，実際は中学校教授要目が刷新されたのは，太平洋戦争が始まった翌年の昭和17年のことである．当時まで中等学校の教科書はずっと検定制度であったが，時局の切迫とともに中等学校教科書の出版業者が当局の指示のもと統合され，中等教科書会社が設立された．そして新要目による数学の教科書を文部省の指導のもとに出すことになった．

この新教科書は記述の方法において極めて新しい形態をとっている．

文部省側からこの教科書の編集に関与した塩野直道は次のように述べている.「従来の数学教科書は，系統的に内容が配列され，各項目は数学的な内容が真っ先に出て，その説明があり，問題の範例があり，例解があり，定理・法則・定義が明記され，練習問題・応用問題が掲げられるという風であった．数学上の知識を与え，問題を解く技術を得させるというのならこれでよいかもしれないが，**事象の中から数学的な観念・理法を自ら掴む**ということは，これではできない．そこで新教科書は，まず具体的な事実を提供し，それをいろいろに考察するというような形式のものとなった．その考察の間に，数学的な観念・理法・処理方法等が自然に出てくるように工夫し，こうして出てきたものをさらに発展させ，確実にしてゆくという行き方を取ったのである.」
　このような方針で編集されたため，従来の教科書のような説明はほとんど書かれていず，そこには一般的な法則もはっきり述べられていなければ，公式もわざと書かれていなかった．大切な定義なども，小さな活字で印刷されているに過ぎず「読んでも解らない教科書」となってしまった．
　ねらいは生徒が自ら考え，自分が実験し，自分で計算し，自分が図表に書き込むという形であって，天下り的な注入主義を排除した，**極端なまでに自己開発的**なものであった．このような教科書が成功するためには，まず第一に教師の能力が問われるであろうし，同じテーマを長い時間かけて考察させ，適切なる指導助言も必要になってくると思われる．生徒の側からいえば，何を考えてよいのかすら解らなかったであろうし，それらを考察するのに必要な資料も与えられなければならないだろう．それが，戦時中に物資の不足した，生活に全くゆとりのない時代に，これを強行しようとしたのであって，全く無謀であり，完全な失敗に終わったのも当然のことであった．

デューイ哲学にもとづく生活単元学習

　昭和20年（1945年）8月戦争は終わった．戦争末期の学童は疎開先の劣悪な環境におかれ，また学徒は工場その他で勤労動員させられるという状態で，ほとんどの教育は停止されていた．敗戦とともに，戦時中の教科書の中から不適当な部分を削除したり，黒く墨でぬりつぶした**墨ぬり教科書**によって授業は再開された．翌昭和21年には旧教科書から不適当な部分を削除修正した粗末な仮綴分冊の暫定教科書が出版された．粗末なのは外形ばかりではなく，多くの教材を削ったのみで，それに代わる新教材も付けくわえられていなかったため，分量も少なく極めて貧弱なものであった．

　さらにその翌年の昭和22年に，アメリカ教育使節団の指導により，アメリカ流の「6・3制」が実施されることになり，同じ年に「学習指導要領　算数・数学科編」（試案）が発行された．この中で「算数・数学科指導の目的」を「日常の色々な現象に即して，数・量・形の観念を明らかにし，現象を考察処理する能力と，科学的な生活態度を養うこと」としている．緑表紙や水色表紙教科書のときのように「数理思想」という言葉は表から消えて，「科学的生活態度」に変わってはいるものの，小学校の算数については戦前のものに極めて近いため，算数の教科書のほうは戦前の教科書を改編するだけで間に合わすことができた．

　しかし，義務教育化した新制中学の教科書のほうはそうもいかないため，新制中学の発足した昭和22年度中に，全学年の『中学数学』が出された．非常に短時日の間に編集されたためやむをえないとはいえ，数学的内容の不統一が目につく．生活上の現象，力学的なもの，数学的内容など雑然と思いつくまま並べられているし，計算練習や種々の問題にしても，前後の学習とはあまり関係なく集められている．「夏休みの研究，夏休みの天気，稲作の研究，家計の研究，結核の研究」などの

単元があって，生活単元に学習テーマが取り上げられているが，その中の説明文などあまりにもだらだらしすぎていて，内容は少ししかないという感が強い．ところが，「現在の学習指導要領に示されている内容は，程度が高く，新しい教育の方針に則った指導をするのは困難である」として，翌23年に指導内容の一覧表が明示され，小学校から中学に至るまでの全員が，同じ内容を二度履修するという，数学教育史上かつてない**全員落第**が実施されたのである．

教育基本法の制定によって，検定教科書が作られることになり，昭和24年に「教科用図書検定基準」が定められた．そのような教科書の見本として，文部省の著作教科書『小学のさんすう』第4学年用と，『中学生の数学』第1学年用が出版された．この『小学のさんすう』の巻頭に「算数科指導の目標」が出ているが，それを要約すれば，数の概念の理解と，子供の生活指導にあるとしており，数の基礎的概念の理解も，**算数の社会的有用性**に立って初めて意義がある，としている．

内容を見ると，第Ⅰ課「かんたんなかけざん」では，「遠足のしたく，ならびかた，学級のひょう」などの**生活単元**となっている．つまり，大きな骨組は算数独自の内容によって組み立てられていて，その中身を生活によって，包みこんでゆくという構成になっている．このような考えは，緑表紙時代からも取られていたので，それ程大きな変更であるという印象はもたれない．

これに対し『中学生の数学』の中には，生活単元的傾向が直接出ており，従来のものとは非常に大きな違いがある．この本の巻頭にある「この書物を用いられる先生方に」の中で，次のように述べている．「数学的な知識・技能が，子供の中に有機的な組織となり，生きた道具となるよう指導されねばならない．」

また「はじめのことば」で，生徒たちに次のように呼び掛けている．「この書物では，計算を取り上げるというよりも，諸君の……向上して

いく生活をとり上げている．……住宅問題，食糧問題，農地改革の問題，インフレの問題などがある．これは，諸君にとっても大切な問題である．こうした問題を解決するために，中学生として出来るだけ努力していくのが，諸君の生活ではないだろうか．」

　こうして，中学校の第1学年用の教科書では，10の単元「住宅，私たちの測定，よい食事，産業の進歩，私たちの計算，売買と数学，私たちの貯蓄，予算と生活，数量と日常生活，図形と生活」が取り上げられている．

　これを見て誰しも感じることは，これが数学の教科書の内容だろうか，またこれでどんな数学的内容を学ばせようとするのだろうか，ということであろう．住宅問題，食糧問題，インフレ問題等，どれも重要な問題であることに違いはないが，テーマが大きすぎ，中学生で解決しうるようなものではない．何がしか数量的に取り扱える側面があったとしても，大きな問題のうちの矮小化された部分だけであって，かえって問題の本質を見誤る事だってありそうである．

　しかも，それ以上に本質的な欠点は，数学としては何一つ系統だって身につけることができないということである．数学というものは，ばらばらな知識の寄せ集めではなくて，一つのシステムである．それが学べないということは，数学を学んだことにはならないといえよう．

　このような教育思想は，アメリカのプラグマティストである哲学者デューイ[17]によるものである．デューイによれば，思想や知識というものは人間が行動する場合，その行動に役立つようなものでなければならず，そうでないものは本当の知識ではないと考える．そのため，たとえ数学であっても，社会にとって有用なものでない限り，無意味なものに

---

[17] デューイ，ジョン（1859-1952）．アメリカの哲学者．実用主義の観点に立って，実測を重んじる算術教育を主張した．

過ぎない．当時，デューイの著書や思想の解説書などが多く出版されているところを見ても，それだけ生活単元学習への戸惑いを感じていた先生が多かったことを示しているといえよう．

昭和26年（1951年）に指導要領は改訂された．この改訂の方針は，従来の算数・数学教育についての基本的考えは変更しないで，その狙いを出来る限り具体的に示すことであった．したがって，生活単元学習の考えについては変化がなく，むしろ強調されているということができる．だから，これ以上この改訂について触れる必要はないと思われる．唯一つ，算数・数学科の授業時数は，昭和22年の時より減少し，戦前の3分の2にも満たないほどの，史上最低のものとなっていることだけを指摘しておく．

指導要領が改訂された昭和26年9月に講和条約が締結され，日本はやっとアメリカの支配下から解放されることになった．丁度その頃から，生活単元学習への批判も活発にされるようになってきたのである．

これより少し前の昭和26年1月に，国立教育研究所の久保舜一[18]が学力調査を行い，戦前に比べて2学年以上も学力，特に計算力が低下していると発表した．これは算数・数学教育界に大きな衝撃を与え，これをきっかけとして，学力低下の原因は計算練習を軽視する現在の生活単元学習にあるのではないか，という意見が多く出されるようになったし，さらにはこの生活単元学習の思想的基盤をなしているデューイの道具主義の批判にまで及ぶようになってきた．

このようにして生活単元学習が批判されると同時に，新しい学習指導形態が模索・研究され始めてきた．しかも，昭和29年には，指導要

---

[18] 久保 舜一 (1908-). 心理学者. 国立教育研究所員. 昭和26年に，戦前の昭和3,4年に田中寛一が行なったのと同じ問題を使い，横浜市で学力調査を実施した．著書に『学力検査と知能検査』『学力調査：学力進歩の予診』などがある．

領を完全に逸脱していると考えられる教科書が，検定に合格するという状態にまでなった．ということは，昭和26年に改訂された指導要領は，既に時代遅れのものとなっており，現行指導要領に含まれていない内容が，教育現場では先取りされて実施され始めていて，文部省としてもこのような実体を無視できなかったことを示している．

高等学校の指導要領は一歩先の昭和30年（1955年）に改訂されたが，小学校・中学校については昭和30年頃から準備が進められ，昭和33年に改訂された．このようにして，戦後アメリカから強要された生活単元学習から完全に脱皮し，**系統学習**へと移行したのである．この指導要領においてはじめて「試案」という言葉がとれ，教育課程の国家的基準として法的規制力をもつものとなった．この改訂の狙いは，昭和26年の改訂で不十分であった**小・中学校の一貫性**を確立したことと，基礎学力を向上させ，科学技術の力を高めるために，程度を引き上げ，内容を充実させ，系統的に学習させることにあった．したがって，戦後レベルダウンした指導内容も，手本としていた緑表紙教科書以上のところまで引き上げられたし，また授業時間数も戦前以上の時間数となった．

現代化運動とその要因

数学教育の**現代化**運動は1950年（昭和25年）に，ヨーロッパの各国から数学者，心理学者，数学教育者らが集まって，国際数学教育改善委員会が設立された時に始まるとされている．しかし，実際にその必要性が各国に認識され，それに向かっての研究や実験が強力に推進され始めたのは，1957年（昭和32年）のスプートニク・ショック以来である．終戦後，日本に生活単元学習を押し付けていた当のアメリカの数学教育は，当時極めて立ち遅れていた．人工衛星の打ち上げをソ

連に一歩先んじられたアメリカは，それ以降，科学技術の振興に全精力を傾けることになったのである．その時に取り上げられた運動の一つに数学教育の現代化があった．数学教育の現代化運動は，スプートニク・ショックが一つの引き金になったに過ぎないのであって，このような運動が発生する社会的・文化的必然性がすでに多くあったと見ることができる．

その要因として，四つばかりを指摘することができよう．

第一の要因として，数学自体の非常な発達ということが挙げられるだろう．今世紀の初め頃より数学の公理的取り扱いが，一つの数学思想として成立し，さらに集合概念だけによる数学の建設もされるなど，数学が現実の束縛から離脱して，単なる抽象的形式的なシステムと考えられるようになってきた．このような数学の抽象化が完成することにより，かえってこのような公理系は一般的普遍性を持ちうるようになり，その公理系の解釈に応じてさまざまな応用も可能となってきた．このような数学観によれば，これまでのように個々一つずつの数学的事実を重んじるのではなく，そのような数学的システムの総体とか，システムの構造が重視されるようにもなる．また，どんな学問であっても，論理的に厳密なものでありさえすれば，記号的に表現することが可能となり，数学的に処理できるようになる．ここにすべての学問と数学との接点があるといえよう．これまで数学の応用といえば，無限のからんだ連続的事象を取り扱う微積分が中心であったが，最近は有限的な事象をも数学的に処理できるようになり，数学の応用範囲が急速に拡がってきた．たとえば，戦時中の戦略研究などがきっかけで発達してきた線形計画法やゲームの理論などが，経済や会社経営の上にまで応用されるようになってきた．このように，微積分中心でない数学があるということは，従来の自然科学のためだけの数学教育を見直す必要性があることを示している．

第二の科学技術の非常なる発達ということについて見てみよう．戦後，各国とも産業および科学技術の振興策を取ってきたため，科学者，技術者の需要が急速に増大し，科学者，技術者の養成が急務となってきたのである．特にスプートニク・ショックにより，これまでの科学教育，数学教育の見直しをせまられ，その結果，数学教育の現代化が叫ばれ始めたのである．科学技術の発達が現代化運動を推進していったもう一つの面は，コンピューターの発達であろう．コンピューターの発達によって，計算処理が高速に，しかも正確に行えるようになり，自然科学現象のみではなくて，これまでファクターが多すぎて処理が困難であった社会現象や経済現象などの複雑な現象の数学的処理も可能となってきた．そのため，文科系の人々もコンピューターについての理解をしておく必要性にせまられてきたのである．しかも，従来の数学のように公式を知って，それに当て嵌めるということではなく，むしろその考え方を理解し，プログラムを作成し，データを入力しなくてはならないという状態になった．一方，コンピューターの発達は，機械的な仕事は機械にまかせて，人間でなくては出来ない仕事に人間が精力を傾けようという考え方も生んだ．その結果，数学教育も計算技術よりも，考え方を重んじる方向に変えなければならないという必要性を生じ，これが数学教育の現代化を推し進める一つの要因を作ったといえるであろう．

　第三の数学教育の必要性の増大について検討しておこう．これは数学自体の発達や，科学技術の発達の中で述べたように，理科系・文科系を問わず，数学を必要とする社会となっていることからも，数学教育の必要性は当然の帰結として出てくるであろう．また，これも単に公式に当て嵌める形としての数学知識ではなく，そのような数学を作りだす考え方のほうを重んじない限り，むしろ何の役にも立たないという点，新し

い数学教育の必要性を示している．もう一つ，ピアジェ[19]らの心理学者の研究成果によると，現代数学における集合の考えやその構造の考えなどが，人間の思考の基本的な部分と共通性があることを指摘しており，その結果として数学教育が，人間性の陶冶に大きく関与していることを明らかにしつつある．これもまた，新しい数学教育の必要性の拡大につながり，算数・数学教育をそうした観点から構成し直してゆくことが，望まれる状態となっていることも指摘されている．

　第四の教授理論や教育方法の発達が，現代化推進の要因の一つであるとの指摘もあるが，それほど大きな要因となっているとは思われない．しかし，ブルーナー[20]やディーンズ[21]などの新しい教授理論により，従来の教授方法の反省がせまられていることも確かである．またもう一つ，教育工学という新しい研究分野が生れてきたことも挙げられよう．教育機器を利用しての教育方法の改善，特にコンピューターを利用してのCMI，CAIシステムの開発などによる新しい教育方法は，数学教育の現代化を考えるときの良き刺激材料を提供していると見ることができる．

　このようないくつかの要因の中から，数学教育を現代化しなくてはならないという主張が必然的に生れ，全世界に波及していった．日本でも，生活単元学習への批判の中から，新しい教育方法の模索としての

---

[19] ピアジェ，ジャン（1896-1980）．スイスの心理学者．発達心理学に大きい影響を与えた．児童の論理的思考の特性を明らかにし，言語・推理・数認識・空間の表象などにいたるまで研究を進めた．

[20] ブルーナー，ジェローム（1915-）．アメリカの心理学者．1959年9月に，全米科学アカデミーと全米科学財団がスプートニク・ショックに対応するために，マサチューセッツ州で開いた科学者会議の議長をつとめ，アメリカ教育界の現代化を推進した．『教育の過程』を著した．

[21] ディーンズ，ゾルタン（1916-2014）．ハンガリー生まれの数学教育者．算数・数学の創造的学習を推進した．著書に『ディーンズ選集』がある．

現代化が既に試みられていたから，世界的にも早い方に属している．しかし，実際に現代化という言葉が現場にも浸透し始めたのは，アメリカでの現代化運動が活発になり始めた1960年以降のことである．特に昭和39年（1964年）に，数学教育に関する日米合同シンポジュウムが東京と京都で開かれたのを契機として，現代化ブームが起ってきた．

　このような全世界的な傾向と，国内の現場教師たちの取り組みに啓発されて，文部省は昭和43年（1968年）にやっと小学校の改訂の告示を出した．（実施は昭和46年からである．）昭和36年実施の系統学習では，生活単元学習によってレベルダウンした算数・数学教育の内容を，戦前以上の水準に高めた．そのため内容も難しくなり，消化不良を起こした子供たちを作ったため，今回の改訂では内容を精選し，児童の負担を減らすことを一つの方針とした．（そのため，小学5・6年生の算数の時間を1時間ずつ減らしている．）他方，現代化の目玉である教材—集合，関数，確率など—を新しく入れることも至上命令であった．この二つはある意味では矛盾しあった要求であるといえよう．しかし，現代化のねらいが，数学を単純化・明確化し，見通しの良いものにするという点にあるため，改訂の二つの柱の目指す所は合致している，と自画自賛している．しかしながら，このことが，多くの落ちこぼれを生む原因にもなったのである．

　算数科の目標自体は，系統学習での目標と基本的には変わっていないが，総括目標が掲げられている点に違いがある．その総括目標は「日常の事象を数理的にとらえ，筋道を立てて考え，統合的，発展的に考察し，処理する能力と態度を育てる」となっている．

　この中で「統合的，発展的に考察」するという点だけが，少し目新しいので説明を加えておこう．統合的というのは，一見異なると思われる事柄の間にも，類似な構造を見出したり，共通な原理，法則が成り立つことを発見したり，同じ手法で処理出来たりするという所に含まれて

いる考え方である．たとえば，整数，小数，分数の計算のいずれにも通用する性質や演算の規則を知り，これらを包括的に取り扱えるようにすることなど，このような統合的考えの表れである．また，発展的というのは，算数に限らず，ものごとを固定的，確定的なものとは考えないで，絶えず新しいものに創造し発展させていこうとする考えである．たとえば，整数だけでは小さいものの大きさを表すことができないので，この解決策として小数を生み出したり，整数の除法をいつも可能にするために分数を考えるなど，この発展的考えの表れである．

ゆとり教育の 30 年間

昭和 48 年（1973 年）頃から，「算数嫌い」とか「落ちこぼれ」とかいう問題が，社会問題としてクローズアップされ始めた．たとえば，朝日新聞昭和 48 年 11 月に「算数ぎらいな子」という特集をしている．その中に，岐阜県のある教育研究所がまとめた 6 年生対象の調査結果を報じている．「学校の勉強でいちばんわかりにくい科目は」の問いに，理科 19％，社会 18％，国語 11％ を断然押さえて，35％ の子どもたちが算数をあげている．「算数の勉強がよくわかるか」には，約半数の 48％ の子が半分以上解らないと答え，特に 5 年生の場合は 64％ にものぼっている．このような算数嫌い，落ちこぼれを作る最大の原因として，新指導要領で目玉商品として登場した集合をやり玉に挙げている．その見出しも「集合ブームの中で―教える側も自信がない，つけ焼き刃になりがち」となっていて，なかなかショッキングである．本文中にも，数々の優れた教育実践で，父母の信頼の厚い東京のある先生の言葉として「私もその一人ですが，毎日の授業で"教えるよりもこっちが本当に教わりたい"と弱音を吐く先生が多いですよ」という愚痴を紹介している．続いて集合の本のブームについて触れ，「つけ焼き刃では，とても子供たち

を理解させられるような授業は無理だと思う．だから，ただでさえ高学年になると学力差がついているのに，余計算数嫌いな子が増えるのは当然だ．集合の解らない教師が算数嫌いを作っているともいえるわけだ」という言葉で結んでいる．この特集では，もう一つ教材の精選を取り上げている．「基本的な内容に精選すること」は，新指導要領改訂の際のもう一つの柱であったはずであるが，実際には系統学習の指導要領に，新しく現代化教材が付け加わった形になり，特に2年から4年に重い負担がかかっていると指摘している．

「落ちこぼれ」に対し「落ちこぼし」という新語まで生れ，特に算数・数学教育が一番多くマスコミに取り上げられた．そういう社会状態の中，フィールズ賞[22]・文化勲章に輝く小平邦彦[23]，広中平祐[24]というお歴々が，数学教育の現代化の批判をし始めた．マスコミはこの権威の意見を大きく取り上げ，「落ちこぼし」の元凶を集合の中にみつけ，それへの批判の根拠を小平・広中説の中に求めたのである．このようにして，現場の先生たちにも集合なんてナンセンスという機運が出来上がってしまったのである．

このような社会風潮の波に洗われて，文部省は指導要領の改訂に乗り出し，昭和52年に告示され，昭和55年（1980年）実施となった．あれだけ鳴り物入りで加えられた現代化算数教材の集合や論理，関数や確率の言葉はすべて表面から消え，系統学習時代の内容をより削減した

---

[22] ジョン・チャールズ・フィールズにより1936年に創設された．数学のノーベル賞といわれ，4年に一度40歳以下の数学者に授与される．

[23] 小平 邦彦 (1915-1997)．数学者．微分方程式の展開定理のほか，複素多様体に小平・スペンサー写像，ホッジ多様体に関連して小平の定理,小平の消滅定理がある．著書に『解析入門』(1976) などのほか，弥永昌吉との共著に『幾何学序説』(1968) がある．

[24] 広中 平祐 (1931-)．数学者．代数多様体および複素多様体の特異点の解消に成功した．これは広中の特異点解消定理と言われている．

ものとなった．その後30年間にわたって続く**ゆとり教育**の幕開けである．（私立学校はあまり削減を行わなかったので，公立学校との差が付き始めたといわれている．）

第二期は平成元年（1989年）に告示され，平成4年より実施された**個性化**指導要領，さらに第三期の平成10年に告示され，平成14年より実施された**厳選**指導要領へと続いてゆく．（この厳選というのは，教材内容を必要最小限にするという意味である．）

この第三期こそ最もゆとり教育的なもので，完全週5日制が実施され，学習内容の大幅な削減とともに，算数・数学の時間も生活単元学習時代に近いものとなった．しかし，この30年間の算数科の指導目標は現代化時代の総括的目標と大きく違っていない．第一期のものでは「数量や図形について基礎的な知識と技能を身につけ，日常の事象を数理的にとらえ，筋道を立てて考え，処理する能力と態度を育てる」となっており，第二期の個性化では「数量や図形についての基礎的な知識と技術を身に付け，日常の事象について見通しをもち筋道を立てて考える能力を育てるとともに，数理的な処理のよさが分かり，進んで生活に生かそうとする態度を育てる」となっている．ここでは「日常の事象について見通しをもち」，「数理的な処理のよさ」，「進んで生活に生かそうとする態度」などの言葉が入っている．第三期の厳選指導要領は「数量や図形についての算数的活動を通して，基礎的な知識と技能を身に付け，日常の事象について見通しをもち筋道を立てて考える能力を育てるとともに，活動の楽しさや数理的な処理のよさに気付き，進んで生活に生かそうとする態度を育てる」となっている．ここに「算数的活動」とか「活動の楽しさ」という言葉が見えているのが目新しい．

このゆとり教育30年間の算数・数学教育の指導要領の変更は，学科独自のものというよりも，社会状態の変化に伴う教育全体の改変による

ものであった．

　思い出してみれば，昭和20年（1945年）の敗戦により，日本の経済はどん底に落ち込んでいたが，アメリカの陣営に組み込まれることにより，復興は早く，30年間以上にわたって高度経済成長を続け，昭和55年頃にはGNP（国民総生産）が，アメリカに次いで世界2位にまでなり，豊かさを実現することができた．単に豊さだけではない．それが総中流社会の実現となったのである．このような背景には，日本での高い教育力を上げることができよう．経済発展により，高校への進学率も98％となり，大学へも5割以上の者が進学するようになった．（専門学校への進学も含めれば8割以上になるという．）良い大学を卒業すれば，良い会社に入れ，安定した幸せな人生が保証される．この終身雇用，年功序列の制度が，日本の学歴社会の構図であった．そのため，子供たちにも，学習の目的があったのである．

学びからの逃走

　昭和48年（1973年）の第一次オイルショック，昭和55年の第二次オイルショックにより，日本の高度経済成長は終焉を迎え，平成3年（1991年）バブルは崩壊した．総中流の社会構造は壊れ，格差は拡大していった．豊さを求めようとする目標を失なったのは大人たちだけではなく，子供たちもそうである．将来への展望がないため，勉強しなくなった子供たちが急増した．かつての非行のように外に発散させるのではなく，不安を内に向けているのである．子供たちが勉強しなくなった背景には，学歴社会の崩壊がある．長期の不況でリストラが進行し，終身雇用，年功序列制度が瓦壊した．良い大学を卒業しても，安定した幸せな人生が保証されるとは限らない．また少子化で大学全入時代を迎えたことも，一つの要因に挙げられるだろう．大学は定員確保のた

め，門戸を広げ，一芸に秀でたものを合格させる．厭な科目は学習していなくても大学に入れる時代になってきた．そのため進学のために勉強をするという意欲も弱い．恐らく何とかなるという意識が根底にあるのであろう．「学びからの逃走」といわれる現象である．その結果，生徒が教室内で勝手な行動を取り，先生の指導に従わず，授業が成立しないという「学級崩壊」も起ってきている．

勉強しないのは学校でだけではない．1980年から2004年にかけての25年の間に，家庭学習をほとんどしない層が18.7％増加し，ほぼ半数近くに達しているのに対し，2時間以上勉強する層は46.8％から23.0％に半減している．またテレビゲームや携帯電話の影響も大きいと思われる．小学生の男子は平日では1時間半，休日は3時間近くテレビゲームで遊んでおり，中学生の男子の場合，平日は1時間半近く，休日は3時間以上テレビゲームで遊んでいるという．小学・中学の女子の方はともに男子の半分位である．それだけ家庭での勉強時間が圧縮されていることになる．高校生たちがテレビゲームに費やす時間は，小・中学生に比べて少ないが，携帯電話のメールや電話時間に3時間以上費やしているという．ゲームや携帯電話に夢中になる理由として，学校生活における人間関係が窮屈になり，いじめや仲間はずれに合わないためにしているという実態が指摘されている．

平成11年に著された『分数ができない大学生』を皮切りに，「学力低下論争」が繰り広げられた．これらの議論は四つのタイプに分けられるという．

第一のタイプは，国家・社会の観点からみて，ゆとり教育を肯定する立場である．その論拠は教育内容の過剰論にある．特に数学に関して言えば，二次方程式など社会に出て使ったことすらない．したがって，将来役にも立たない内容は教える必要はない，というものであった．

第二のタイプは，児童生徒の立場から見て，ゆとり教育に肯定的な立場である．落ちこぼれが原因でゆとり教育に進んだように，上からの

教育ではなく，児童中心の教育でなければならないという考えが根本にある．そのため，ゆとり教育の中で，体験的・参加型の教育をすべきであるという議論が出てくる．

第三のタイプは，国家・社会の観点からみて，ゆとり教育を否定する立場である．今の日本の子供たちの学力では，将来国際競争に負けてしまうという危機感からの議論である．また，今のゆとり教育では，子供たちが学習意欲をなくしている実態と，経済格差に応じた学力格差，特に私学との進学格差が指摘された．

第四のタイプは，児童生徒の立場から見て，ゆとり教育に否定的な立場である．ゆとり教育が子供たちの学習意欲をそぎ，学力を低下させている最大の原因であるという議論である．

これらの議論の結果，平成20年（2008年），**脱ゆとり**の新学習指導要領を告示し，平成23年より実施されることになった．この改訂で30年間，減り続けていた授業時数も，昭和52年（1977年）のレベルまで戻されることになった．

しかしながら，算数科指導要領の目標はこれまでのものとほとんど変更はなく「算数的活動を通して，数量や図形についての基礎的・基本的な知識及び技能を身に付け，日常の事象について見通しをもち筋道を立てて考え，表現する能力を育てるとともに，算数的活動の楽しさや数理的な処理のよさに気付き，進んで生活や学習に活用する態度を育てる」となっている．これまでにない部分は「表現する能力」「生活や学習に活用」というところ位であって，さして大きな変更とは思われない．つまり，算数科としての教育内容の目標は30年前のものとあまり変わっていない．

教科中心か児童中心か

ここで江戸時代から，明治維新を経て戦後教育改革から現行のもの

に至る算数・数学教育の歴史を表示することにしよう．この表で左側に示されているものは，教科中心的傾向の強いもので，右のものは児童中心的傾向が強いものであるということができる．

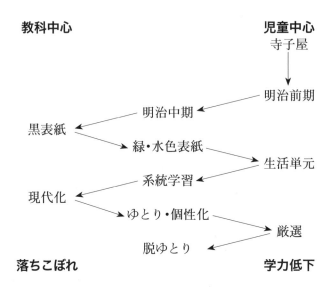

寺子屋時代は，個別学習時代であったということからみて，児童中心の方に置いた．明治前期はペスタロッチによる開発主義教育から始まったため，右欄に置いた．明治中期は求答主義・理論算術などの混乱期ではあるが，黒表紙に移る前と見て，中央に置いた．黒表紙時代は教科中心の時代で，算術・数学に対して冷たいイメージを持たせ，数学嫌いを多く発生させた時代である．緑表紙・水色表紙の時代は，それへの反省の時代で，近代化の数学教育が行われた頃である．戦後の生活単元はまさに児童の生活を中心に置いた時代で，学力は低下した．系統学習時代は生活単元学習を批判し，戦前の緑表紙時代に復帰した時代

である．続く現代化の時代は新しい数学を取り入れた時代で，教えられる内容が広く多くなり，落ちこぼれを発生させた．続くゆとり・個性化・厳選の時代は，算数・数学の教科内容よりも，子供たちを中心とする教育を目指した時代で，週休2日制となり，そのため再び学力低下が叫ばれ，脱ゆとりの現行指導要領へと移行してゆく．

このように見ていくと，右側の児童中心の時代から，左側の教科中心の時代へ，それへの反動からまた右に移り，学力低下が叫ばれると再び左に移るというように，右へ左へと動いていることが見てとれる．

【参考文献】

[1] 小倉金之助『数学教育史』岩波書店，1932年
[2] 小倉金之助，黒田孝郎『日本数学教育史』明治図書，1978年
[3] 小倉金之助『日本の数学』岩波書店，1940年
[4] 小倉金之助『日本数学教育の根本問題』イデア書店，1924年
[5] 久保舜一『学力調査；学力進歩の予診』福村書店，1954年（戦後日本学力調査資料集17巻）
[6] 塩野直道『数学教育論』河出書房，1947年
[7] 小平邦彦「数学教育を現代化の呪縛から解放せよ」（「数学セミナー」1975年12月号）
[8] 広中平祐「さまざまな支流を」（「数学セミナー」1982年8月号）

数学教育論
─直観的洞察と説得─

educate と teach

　子供たちへの教育内容については，知育のみではなく，社会生活を行う上でのモラルの育成のほか，情操を育み，健康な体を養成することなどが含まれているのは当然であるが，ここでは主として知育の目的について考えてみたい．知育教育の目標には，次のような相対立する見解があるように思われる．

　（A）子供たちが将来必要となる知識・技能を習得させる．

　（B）子供たちが持っている可能性を開発し伸ばしてやる．

　まず，（A）の立場から考察してみよう．この立場からすると，知識ある者が無知な者に対して教えてやるという上からの目線が基調となる．子供の側からいっても，多くの正しい知識・確かな技能を習得した者が良いとすることになるので，現今のようなテスト（作品）によって評価されることが中心となる．成績だけがその判定基準となり，成績を上げるために，知識の**注入主義**[1]が横行する．スポーツなどでも，勝利することだけが目標となるだろう．ガンバリズム，根性主義，努力主義，ムチによる（時として暴力すら伴った）スパルタ教育などが行われるようになる．この教育の根底には**性悪説**があるのではないかと思われる．子供は放っておくと，遊んでばかりしていて，楽な方に逃げてしまい，

---

[1] 知識などを外部からの刺激によって教え込もうとする考え方．これに対して，個人の内心からの動機によって学ばせようとする考え方を開発主義という．

学びから逃避しようとする．子供が将来必要となる知識・技能を身に付けさせるためには，外からの強制も必要である．時としてムチも使わなくてはならないというのが，この立場である．

これは**遊びは悪**だという説である．この立場の亜流として，アメとムチによる教育がある．今どきはムチによるスパルタ教育では，子供たちはついてこないので，時にはアメを与えて，やる気を起こさせなくてはならないというのである．これは**遊びは必要悪**であるという説である．アメにせよ，ムチにせよ，やる気を起こさせるには，外からの刺激，つまり**外発的動機づけ**が必要であるという立場である．

この立場での教育では，知識や技能が身に付けられない者は，落伍者ということになってしまうだろう．ハンディキャップをもった子供に対する教育などはありえないことになるし，たとえば発達障碍を背負った知能障碍者などに対する教育は放棄され，社会の厄介者として扱われかねない．ところが，（B）の立場に立てば，どのような子供であれ，それぞれの能力に応じた教育が可能となるので，私は（B）の立場に立つことを目標としたいのである．

（B）の立場では，**性善説**に基づく**内発的動機づけ**がなされる．一人ひとりの子供の心の内から生ずるやる気ということであるが，そのようなことが可能であろうか．人間の子供には，生れながらにして知的好奇心があるという事実がその根底にある．幼児は解らないことがあると，「なに」「なぜ」「どうして」を連発する．ところが残念なことに，成長するにつれて次第にそれを言わなくなる．なぜだろうか．それは知りたいとも思わない知識を，学校で（または親から）無理に押し付けられるためである．もともと知りたい願望があったにもかかわらず，適切な助言によって，その願望がかなえられなかっただけではなく，知りたくもない知識を（勉強と称して）無理矢理，覚えさせられ，次第に知識拒絶症つまり勉強嫌いとなってしまったのであろう．

内発的動機づけに関連して，猿に組み立てパズルをやらせたという実験がある．（波多野他著『知的好奇心』中公新書）パズルができたらエサを与えるグループの猿たちは，エサをもらおうとして組み立てパズルをするが，組み立ててもエサがもらえないとわかると，途端にパズルには見向きもしなくなるという．ところが，エサを充分に与えているグループの猿たちに，パズルをやらせてみると，飽きずに何回も何回もやるそうである．猿ですら，完成した時の喜びというのか，エサのためではなく，パズルそれ自身に興味をひかれて，正に遊びとしてパズルをするのである．面白さにひかれて，遊びとしてやる自発的学習というのは，他に目的を持たない活動である．このような内発的動機づけというのは，アメとムチによる外発的動機づけに比べて即効性はないが，知識の定着度が高いといわれている．

　教育を英語では educate というが，これには lead（導く），draw（引き出す），bring（持ってくる）という意味はあっても，知識を教え込むという意味は含まれていない．つまり，(B)の意味での教育である．日本語での教育とくに教授という言葉は(A)の立場を表していて，これは英語での teach に対応する語であろう．知識を教え込まない教育(B)の立場では，子供一人ひとりが持っている可能性を開発（draw）してやり，それを伸ばしてやる教育観にたっている．生まれながらにして持っている知的好奇心を刺激してやり，なぜ・どうしてという問題意識を持たせ，すぐには正解を教えない代わりに，適切な助言（lead）により，自らの力でゴールにたどり着かせる（bring）．最後に自分の足でゴールに到達したときの達成感を味あわせ，思いもかけなかった結果が解ったときの感動（**アハ体験**[2]）をさせることが大切である．この感動によって

---

[2] 「アハ」(aha) は英語の間投詞で「なるほど」の意．「アハ体験」(Aha-Erlebnis) とは，ドイツの心理学者ビューラー（Karl Bühler (1879-1963)）が，発見したときの心の動きを指してそう呼んだもの．

こそ，知識は自分のものとなり，さらに新しい知識獲得の願望へとつながっていくのである．

論証重視の教育

　数学教育の立場から，これら二つの教育観を眺めてみることしたい．まず（A）についてであるが，数学教育史の中で述べた教科中心の数学教育がこの方向である．黒表紙教科書[3]時代，計算技術の習得と数量知識の伝授に重点が置かれていたし，論理的思考も重視された．現代化の時代，教えるべき知識が多くなり，論理が重視された．そのため多数の落ちこぼれが発生したのである．

　論証重視の教育観は，ギリシアのユークリッド[4]幾何学以来の西洋数学の伝統であった．弁論術を習得し，エリスティケー[5]という問答競技として遊ぶ中から，論理的厳正さを尊ぶギリシア的幾何学が生まれたことは確かである．誰もが承認する前提から出発し，厳密なる論証によって成立する幾何学は，普遍妥当性のある真理の体系であって，誰からの批判も許さない真理の学問であった．近世に入っても，この幾何学的精神は学問の模範であった．パスカル[6]は『説得術について』[7]で次のよう

---

[3] 1905-1935にかけて3期にわたって使用された国定教科書．終戦まで続く国定教科書の最初のもの．43ページ参照．
[4] 11ページ 注5参照．
[5] 論争術のことで，現在のディベートの技術に相当する．古代ギリシアでは，処世の術として教育科目の一つであった．
[6] パスカル，ブレーズ（1623-1662）．フランスの哲学者，思想家，数学者，科学者．「人間は考える葦である」の名言や遺稿集『パンセ』，パスカルの原理，パスカルの三角形などが有名．
[7] 『幾何学一般に関する考察』（1657-1658頃）．副題「幾何学的精神と説得術について」は出版社が付けたとされる．

5. 数学教育論 —直観的洞察と説得—

なことを述べている．「美辞麗句で相手の心を掴むよりも，最初にきっちりと言葉を定義しておき，誰もが承認することだけを前提とし，後は厳密なる論証によって論を進めてゆきさえすれば，誰をも否応なしに説得出来る」というのである．これこそ，正にギリシアの幾何学的精神である．その後微積分など，やや論理性に欠ける数学が誕生したけれども，20世紀初頭に数学教育の近代化が叫ばれるようになるまでは，この論理的厳正さは西洋文化の基盤に横たわっている**合理主義**であり，ヨーロッパ数学教育の根幹をなすものであった．

証明を要求するのは，とことん相手を理詰めで説得しようとする立場であり，話せばわかるという話し合い主義であって，平和的な民主主義思想でもある．証明を拒否したり，嫌がったりするのは，独善に陥ったり，問答無用のファシズムにも通ずる面を持っている．およそ，学問というものは，個々一つずつのばらばらな知識の寄せ集めではなく，万人の批判に耐えうる（誰からの矛盾の指摘も受けない）論理的な一つの体系でなければならない．そういう意味では，数学の証明——説得術——を学ぶということは，ヨーロッパの合理思想の真髄を学び，あらゆる科学・学問を学ぶときの根本的精神を身に付けることに通じるのである．西洋の数学は論証的，説得的だと述べてきたが，そのため西洋の数学は普遍的，一般的なものを持っているし，特殊より一般を，具体より抽象を重んじることになるのである．

ここで，西洋数学の論証的性格について復習しておこう．パスカルが『説得術について』の中で述べているように，誰もが認める真理を出発点として正しい推論によって論を進めて行きさえすれば，正しい真理の連鎖によって，正しい結論に到達できる．ところが，出発点にとるものが果たして万人の認める真理であろうか．また出発点にとられるいくつかの公理がお互いに矛盾しあうことはないのだろうか．前の数学論の

なかで述べたように，その公理体系が矛盾をもたないものであることの保証は今のところないのである．また，非ユークリッド幾何学の存在から考えても，さまざまな公理系が考えられ，どれが正しい公理系なのかの決め手すらないのである．さらに，推論規則にしても，単にその規則を仮定しているにすぎない．そういう意味ではラッセル[8]が言うように「数学とは何について語られているかもわからないし，何が真であるかも解らないような科学である.」

開発主義教育

次に (B) の立場に立った数学教育について眺めてみたい．日本の数学教育史の中で見てきた児童中心の数学教育での寺子屋時代は，一人ひとりの学習を重んじたという意味で (B) に含まれるだろうし，明治前期のペスタロッチ[9]教育も正に開発主義教育であった．また戦後の生活単元学習[10]の時代も，個々教科の内容よりも子供たちの生活を重んじた時代であって (B) と考えられよう．続いて，厳選学習時代[11]も学習内容を極端にまで少なくし，子供たちにゆとりある学習を推し進めた時代として (B) の立場に立っている．

---

[8] 15 ページ 注 15 参照.
[9] 39 ページ 注 8 参照.
[10] 戦後，アメリカの教育使節団の勧告により，6・3・3・4 制の導入や指導法の大幅な改定がなされ，1947 年に初代学習指導要領（試案）が告示された．生活経験の中から自主的学習を展開するということで，生活単元学習と言われた．48 ページ参照.
[11] 2008 年改訂の学習指導要領で導入．受験競争の過熱や学級崩壊などが問題視される中，指導内容を厳選してゆとりある教育を展開し，自ら学び自ら考える力などの「生きる力」を育成することがねらいとされた．58 ページ参照.

ギリシアに起源をもつ論証的数学に対し，バビロニア，エジプトなど古代オリエント，およびアラビア，インド，さらに中国，朝鮮や日本などの東洋の数学は，いずれも一般性をもたない個別的知識の集積にしか過ぎなかった．近世以前の東洋の数学においては「具体的な数値の与えられた個々の問題に対し，これまた具体的数値を与えて解法を示す，個別的な問題解決の処方箋」が示されているにすぎなかった．それでは東洋の数学を発展させる契機となったものは，一体何であったのだろうか．それは鋭い直観的洞察力と，たくましい帰納の力であったと思われる．つまり，先程も述べたような個別的な問題解決の処方箋を通して，一般的な数学的内容を表現する心積りであったに違いない．このような具体例による解法は，他の具体例にも適用されうるし，その具体例による解法も一般性を持っている場合が多いからである．（これを模範的な例による学習という意味で**範例学習**と呼ぶことにしよう．）

「此如ク」だけ

　教科中心であった（A）の立場を，論理的，説得的，一般的，西洋的と位置付けたことからすると，児童中心とみられる（B）の立場は，直観的，体得的，個別的，東洋的と特徴付けることができるかもしれない．このような観点に立って，東洋の数学を眺めてみることにしよう．たとえば，インドの数学者バースカラ2世[12]はピタゴラス[13]の定理（三平方の定理）を証明するのに，直角三角形の直角をはさむ二辺を一辺とする二

---

[12] 16ページ 注18参照．
[13] 12ページ 注7参照

つの正方形をくっつけた図形（左図）に現れる四つの直角三角形と一つの小正方形を，一つの大きな正方形に並び変えた図形（右図）を示して，「よく観よ！」と書いておくだけで，これ以上何の説明も加えていない．

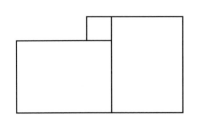
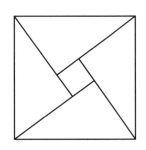

そこには誰もが理解できるような親切な説明はされていないわけで，学習者は各自その図をよく観ることによって，正しいことを体得しなくてはならないわけである．これはあたかも，禅の修行僧が言葉による説明によって悟りを開くのではなく，滝に打たれるとか，座禅を組むとかの観想によって真理を体得してゆくのに似ている．江戸時代初期の和算書『改正天元指南』[14]には，このバースカラの図と同じような図によって，ピタゴラスの定理の証明がされているが，ここではより詳しい図解と文字の書き込みがされている．鈎と股とは直角三角形の直角をはさむ二辺のことで，弦とは斜辺のことである．（したがって，ピタゴラスの定理のことは鈎股弦の定理と呼ばれている．）

---

[14] 藤田貞資 (1734-1807) が，佐藤茂春（江戸時代前期―中期）による天元術の教科書『算法天元指南』(1698) を復刻したもの，1795 年．

5. 数学教育論 —直観的洞察と説得—

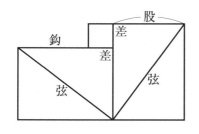
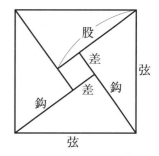

　左図の下には「鈎冪ト股冪ト相併テハ弦冪トナルナリ」と述べてあり，ピタゴラスの定理が一般の形で与えられている．右図の下には「此如ク弦冪トナルナリ．此故ニ弦冪ノ内鈎冪ヲ減ズレバ股冪トナルナリ」とある．言葉での説明は「此如ク」だけであって，インドの「観よ！」と大差はない．しかし，図中に補助線が引いてあり，しかも鈎，また，弦や差などに相当するところに書き込みがあるため，うんと理解しやすくなっている．

　もう一つ，円の面積は半円周と半径を掛けて得られることを示している証明を，先程の和算書『改正天元指南』から引用しておこう．上に円を32等分した図（ここでは左図）が書いてあり，その下に変形として半円周と半円径（半径）を二辺とする長方形（右図）が書いてある．

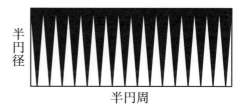

　この図の下には次のような説明が出ている．

73

「図ノ如ク上ノ図形三十二ニ割ル，此三十二ハ唯見ヨキタメナリ，幾ツニ割リテモ同意ナリ，分別スベシ.」「上ノ円積ノ内ニ黒積十六ト，白積　　　　　　十六ト共ニ三十二アリ，下ノ変形ノ内ニモ黒積十六ト白積十六ト共ニ三十二アリ，此故ニ上下トモ積相同ジ.」「又変形ヲ見ルニ半円径ト半円周ト相乗ナリ.」

　図形的直観によって，「円の面積は，半円周 × 半径である」ことを示している．特に 32 等分したのは見やすくしたためであって，幾つに分割しても同じことであると述べ，最後に「分別スベシ」としている所など，中々面白い．論理一点張りのギリシア的立場からすれば，これは証明ではない，分別などできるはずがないというヘソ曲がりも出てくるに違いない．しかし，直観を重視したこのような体得的理解は，教育的には優れているのではないだろうか．

　このような学習法は芸道や武道などの修業と同じであって，一人ひとりが行を積むことにより，技を磨いてゆく．たとえば詰将棋の学習方法を考えてみると，このことがよく解る．各自，具体的詰将棋の問題に取り組む．解らない時には正解を見る．そういうことを繰り返していくうちに，カンが養成され，棋力がついてくる．現在の数学教育では，前もって公式が与えられ，公式を丸暗記してそれにあてはめて解く練習をすることが多い．ところが，江戸時代のテキストには公式は出てこない．各自，具体的数値問題を解いていく中で，自ら解き方を会得し，一般的な解法を体得してゆくのである．覚えるように強制された公式よりも，不十分であっても自らが発見し，体得した技法こそ，宝物であるから忘れもしないし，根本的に身につくのである．与えられた公式を適用しながら解くやり方は，極めて効率のよい学習方法ではあるが，すぐ忘れてしまい，定着度は極めて低い．これに対して，自らが発見し体得する学習方法は，効率はよくないが，身に付いた以上は，忘れようとしても忘れられないほど，定着度が高いのである．

論理性に欠けた数学

しかしながら，和算を含む東洋の数学の論理性の欠如について，小倉金之助[15]は『日本の数学』[16]の中で次のように指摘している．「数学の本質とも思われる論理性の方は，和算では十分に発達しなかったのでありまして，ここにもまた，和算の重要な特色があるのであります．ところで，この論理性の欠如といいますことは，和算ばかりではなく，東洋の数学全般について，いえることでありまして，それも，ひとり数学に限ったことではありません．」「和算ではまず第一に，現実的な経験的な事物からの抽象化が不十分でありまして，事物の定義が一般に曖昧で不正確なのです．第二に，どんな事柄を，既に知られた事実として——いわば公理的に認めまして，出発しようとするのか，その辺のことが，あまり判然としないのであります．たとえば，和算の書物を開いて，円のところを読みましても，そこに円の定義は書いていない．円の接線と申しましても，その定義を掲げていないのです．それで，円の接線などに関する問題を，いろいろやっている間に，おのずから円の定義も，接線の性質も解って来る．こういった学習方法なのでありました．一々云わなくとも，図を描けば解る．説明がなくとも，悟ることが大切な訳であります．」「そう云う次第で，和算家は好んで，帰納的な推理を用いたのでした．ですから，和算にはずいぶん間違った結果が，出て居りますのも，やむを得ないことであります．そうは申しますものの，計算技巧の達人であった彼らには，直観的な見通しにおきまして，実に鋭いものが

---

[15] 小倉 金之助（1885-1962）．東京物理学校教授・数学啓蒙家・数学史家．『初等幾何学』(1913)，『実用解析学』(1928)，『初等数学史』(1928) などを翻訳した．また『数学教育の根本問題』，『数学教育史』などの数学教育書のほか，『数学史研究』，『日本の数学』などの数学史書も著している．

[16] 小倉金之助『日本の数学』，岩波新書 赤版 (61)，1964 年．

あったのでした．或る特殊な数値を読んでは，この間に成立つ法則を導いたり，また二,三の特殊な場合から，一般的な結果を洞察する．こういうことに就きましては，彼らは往々にして，驚くべき天才的直観を示したのでした.」

論理性の欠如はしばしば間違った結論に導いてしまう．間違った結果を堂々と述べているのは，なにも東洋の数学だけの専売特許ではない．19世紀以前の西洋の数学の中にも，しばしばこのようなことが起っているため，そのような例を取り上げておこう．

フェルマー[17]は $F_n = 2^{2^n}+1$ $(n=0,1,2,3,\cdots)$ と表される数（フェルマー数）は素数であろうと予想した．確かに $F_0 = 3, F_1 = 5, F_2 = 17, F_3 = 257, F_4 = 65537$ などは，すべて素数となっている．$F_5 = 4294967297$ は大きすぎるため，フェルマーは素数かどうかを調べることを諦めたのであろう．ただ，初めの五つが素数であったため，それ以外には大した根拠もなしに，この数も素数であろうと予想したのだと思われる．ところが，オイラー[18]が $F_5 = 641 \times 6700417$ であることを示して，フェルマーの予想を覆してしまった．これは，いくつかの実例から，結論を導くことの危険性を示している．

フェルマーにケチをつけたオイラーのほうも，発散する無限級数についての認識がなかったためか，時々誤った答えを書き残しているという．たとえば，1を $1+x$ で割ってゆくと，無限に商が続いて

---

[17] フェルマー，ピエール (1601-1665)．フランスの法律家・数学者．近代整数論の創始者となり，フェルマーの小定理，最終定理（これは1994年ワイルズによって証明された）がある．デカルトとは独立に解析幾何学的方法を考案し，パスカルとともに確率論を創始した．一方，『極大と極小を求める方法』(1638) は，微積分の先駆的研究である．
[18] 14 ページ注12参照．

$$\frac{1}{1+x} = 1-x+x^2+x^3+\cdots\cdots$$

となる．現在の立場からすれば，$-1<x<1$ のときのみ，この等式は正しく，これ以外のときは成立しない．ところが，オイラーは $x=1$ を代入した式 $\frac{1}{2} = 1-1+1-1+\cdots$ をも書き留めている．

感覚にたよった危険な証明

　われわれ人間は，感覚を通じて，外界の現象を認識しているのであるが，この感覚なるものは極めて不安定なもので，まっすぐなものが曲がって見えたり，長いものが短く見えたりもする．また心が強く願望していることが幻覚として見えたりすることもある．そういう意味で感覚だけに頼った証明は極めて危険である．このような例をあげよう．

　一辺の長さ 8 の正方形を左図のように四つの部分に分け，それらをうまく並べ替えると，右図のような縦 5, 横 13 の長方形が出来上がる．ところで，正方形の面積は 64, 長方形の面積は 65 であるから，正方形を切ったのでは，長方形全部は埋め尽くされないで，どこか 1 だけ空いた所があるはずである．感覚的には直角三角形の斜辺と台形の斜めの辺とで，長方形の対角線が出来ているように見えるけれども，実は一直線には並んでいないのである．もし一直線に並んでいれば $8:3 = (8+5):5$ となるはずだからである．

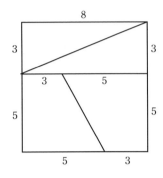 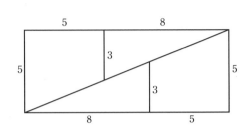

もう一つ例をあげておこう．△ABCの各辺BC, CA, ABの中点をそれぞれL, M, Nとすると，三角形の二辺の和BC＋CAは四つの折れ線の和BL＋LN＋NM＋MAに等しい．また△NBL, △ANMについてそれぞれ同様のことをすれば，八つの折れ線の和は二辺の和BC＋CAに等しくなる．このようなことを繰り返せば，折れ線はどこまでもABに近づくし，折れ線の長さの総和はBC＋CAに等しい．だから，その極限であるABの長さは二辺の和BC＋CAに等しくなる．これは無限に近づくことを安易に使うと妙なことになる例といえよう．

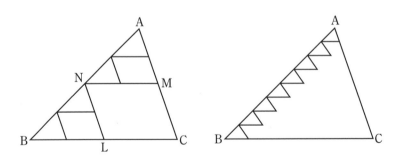

オイラーの大胆な論法

しかしながら，予想をたてることは悪いことばかりとはいえない．

5. 数学教育論 —直観的洞察と説得—

フェルマーは「n が 3 以上の自然数の時，$x^n + y^n = z^n$ となる自然数 x, y, z は存在しないだろう」と予想し，その後の整数論の発展に大きく寄与している．この問題は 1994 年にワイルズ[19]により証明され，現在はフェルマーの最終定理と呼ばれている．もう一つ，オイラーも大胆な論法を使って，驚くべき結果を多く出していることも注目に値する．たとえば，$\sin x$ をマクローリン展開[20]すれば，$\sin x = x - \dfrac{x^3}{3!} + \cdots$ となるが，オイラーは $\sin x = 0$ の無限個の解が $x = 0, \pm\pi, \pm 2\pi, \cdots$ であることを使って，大胆にも次のように因数分解している．

$$\sin x = x\left(1 - \frac{x^2}{\pi^2}\right)\left(1 - \frac{x^2}{(2\pi)^2}\right)\left(1 - \frac{x^2}{(3\pi)^2}\right)\cdots\cdots$$

とし，x^3 の係数を比較して

$$\frac{1}{3!} = \frac{1}{\pi^2} + \frac{1}{(2\pi)^2} + \frac{1}{(3\pi)^2} + \cdots\cdots$$

つまり

$$\frac{1}{1^2} + \frac{1}{2^2} + \frac{1}{3^2} + \cdots\cdots = \frac{\pi^2}{6}$$

という当時懸案となっていた問題への解答を与えている．論理に拘泥せず，大胆な論法を使うことにより，問題を解決し得た例といえよう．もちろん後になって，この結果が正しいものであることは証明されている．20 世紀初頭，ヒルベルト[21]は 23 問の未解決問題を提出し，その後

---

[19] ワイルズ，アンドリュ (1953-)．イギリス出身の数学者・プリンストン高等科学研究所教授．フェルマーの大定理の証明を完結させた．

[20] なめらかな関数 $f(x)$ について，$f(x) = f(a) + f'(a)(x-a) + \dfrac{f''(a)}{2!}(x-a)^2 + \dfrac{f^{(3)}(a)}{3!}(x-a)^3 + \cdots$ のように $(x-a)$ の多項式で表すことをテイラー展開という．とくに a が 0 のときをマクローリン展開という．

[21] 29 ページ 注 13 参照．

の数学の発展に大きく寄与したことも忘れてはなるまい．

ポアンカレのヒラメキ

これまで，ギリシアに伝統を持つ西洋の数学は論理的で，東洋の数学の方は直観的であると述べてきたけれども，発見的な思考がない限り，数学の発展はなかったはずであるから，西洋の数学においても，論理一点張りではなく，直観的な洞察力が重要な役割をになってきたことに違いはあるまい．まず直観もしくはヒラメキによって，新しい局面を切り開き，後に論理によって補強するというのが，数学発展の構図であろう．論理的と見られるギリシアの幾何学にしても，図形を観ることによって，解法を考えるのであって，幾何学こそ最も直観性に富んだ学問であるとさえいえよう．さらに補助線一本が重要な解決の発端となる場合がしばしばあって，それをどのようにして思いついたかを尋ねても，論理的には説明がつかない．しかし，その補助線がいったん見つかると後はすらすらと解けるのである．このような例をポアンカレ[22]の体験的告白によって聞くことにしよう．

「十五日の間，余は，余がその後フックス関数[23]と名付けた関数に類似な関数は存在し得ない，ということを証明しようとして努力していた．…ある夜，余は例になく牛乳を入れずにコーヒーを飲んで，睡眠することが出来なかった．幾多の考えが群がり起って，たがいに衝突しあい，

---

[22] ポアンカレ，アンリ（1854-1912）．フランスの数学者．楕円関数を拡張して保型関数の理論を確立し，解析関数の一意性問題を解決した．制限三体問題のポアンカレ・バーコフの不動点定理のほか，最近ペレルマンによって解決された多様体のポアンカレ予想がある．

[23] 複素平面上の群作用で商空間が双曲面になるものをフックス群という．フックス群の作用で不変な変数 z の1価関数をフックス関数という．

その内の二つが相密着して，いわば安定な組合せを作るかのごとく感ぜられた．朝までには，余は超幾何級数から誘導されるフックス関数の一つのクラスの存在を証明することができた．あとはただ結果を書きあげるのみで，数時間を要するに過ぎなかった．」「続いて，余はその関数を二つの級数の商によって表そうと思った．この考えは，完全に意識的な，また反省を経た考えであった．すなわち，楕円関数[24]との類推が余を指導してくれたのである．もしかかる級数が存在するとすれば，その性質はいかなるものであるべきかを探ねて，余は困難なく，余のテータフックス級数と呼ぶ級数を作るに至った．」「旅行中の多忙に取り紛れて，数学上の仕事の事は忘れていた．クータンス[25]に着いた時，どこかへ散歩にでかけるために乗合馬車に乗った．その階段に足を触れたその瞬間，それまでかかる考えの起る準備となることを何も考えていなかったのに，突然余がフックス関数を定義するのに用いた変換は非ユークリッド幾何学の変換と全く同じであるという考えが浮かんできた．馬車内に坐るや否や，やりかけていた会話を続けたため時がなく，検証を試みることをしなかったが，しかし余は即座に確信を持っていた．カン[26]に帰るや，心を休めるためにゆっくりと検証をしてみたのであった．」「続いて余は数論の研究にかかったが，これといって目ぼしい結果も得られず，またこれが今までの余の研究と少しでも関係があろうとは，余の思いも寄らぬことであった．巧く行かないのに気持を腐らして，海岸に赴いて数日を過ごすことにした．そして全然別のことを考えていたのであった．ある日，断崖の上を散歩していると，不定三元二次形式の数論的変換

---

[24] 二方向に周期を持つ有理型二重周期関数のこと．楕円積分の逆関数として，アーベルによって発見された．

[25] Coutances. フランス北西部，コタンタン半島にある街．

[26] Caen. フランス北西部，ノルマンディー地方にある都市．

は非ユークリッド幾何学の変換と同じものであるという考えが，いつもと同じ簡潔さ，突然さ，直接的な確実さをもって浮かんできたのであった．」「カンに帰って，余はこの結果を考え直して，またそれから得られる結論を引き出した．二次形式の例は，超幾何級数に対応する群以外にも，フックスの群が存在することを余に示した．余はかかる群にテータフックス級数の理論を応用しうること，したがってそれまで余は超幾何級数から誘導されるフックス関数を知るのみであったが，その他にもフックス関数の存在することが解ってきた．当然余はかかる関数すべてを作りにかかった．余は組織的に攻撃を始めて，一つ一つすべての外壁を攻略していった．ところが，ただ一つの外壁だけが固守して止まず，しかもこれを陥れれば敵城の主部の陥落をきたすに相違ないのであった．…以上の仕事はすべて完全に意識してやったのである．」「その時，余はモン・バレリアン[27]に去って，そこで兵役に服さねばならなかった．したがって，前とは極めて異なった仕事をすることになったのである．ある日大道りを横切っている時，以前余を遮っていた困難の解決が突然現れてきた．余はすぐさまそれを深く究めようと努めずに，服役を終えた後に再びその問題に取りかかったのであった．すべての要素は余の手中にある．余はただこれを集めて秩序よく並べればよいのであった．故に，余は余の仕上げの論文を一気に何の苦もなく書きあげてしまった．」

　長すぎるほどの引用をしたのも，数学者が数学の重要な結果を発見し，その論文を書き上げるまでの裏話を，このように鮮やかに描いてくれている文章は他にないと思ったからである．ポアンカレは無意識的活動下に突然湧き起こって来るヒラメキが，数学上の発見に大きく貢献していることを指摘している．しかもこのようなヒラメキも，それ以前に意識的な熟考熟慮を積み重ね，失敗に失敗を重ねた努力の後でなけれ

---

[27] Mont-Valérien. パリ北西の周辺都市．要塞（五稜郭）がある．

ば，湧き起こってくるものではないことも指摘している．さらに，このようなヒラメキによって得られたものも，再び意識下に戻して論理的に検証しなくてはならない．検証の結果，安全性の確認が得られたものを，一気に論文として書き上げていくのだというのである．

ガロアの天才性（1）独創性を目標

　もう一人ガロア[28]を取り上げてみたい．ガロアはポアンカレとは違って，説得的といえる西洋独特の数学教育を受けていなかったために，むしろ直観性が失われず，一筋に数学の本質を攻撃することが出来たのではないかと思われる．ガロアは15歳のとき，学業成績不振のため学年途中にして一級下のクラスへ落とされ，前の年に学んだことをもう一度やらされることになってしまった．同じことを二度やらされる苦痛から逃れるためか，時間的な余裕が出てきたためか，前年と違ってその年は数学を選択した．当時のフランスの中学校では，数学教育をそれ程重視していなかったため，数学は選択であったし，生徒からもあまり人気のある科目ではなかった．テキストはルジャンドル[29]の『幾何学原論』であったが，ガロアが聴講を決意した頃は，講義はすでにこの本の半分ほど進んでいた．皆の進度の所まで追いつく必要性から，ガロアはこの本を自学自習したのである．彼はルジャンドルの『幾何学』を手にする

---

[28] ガロア，エヴァリスト（1811-1832）．フランスの数学者．「方程式が冪根で解けるための条件」を著した．その中で展開されている議論は，ガロア群の構造を述べたガロアの理論であって，現代数学に与えた影響は大きい．この概要は決闘の前夜，遺書として遺された．

[29] ルジャンドル，アドリアン（1752-1833）．フランスの数学者．平方剰余でのルジャンドルの記号，有限部分群でのルジャンドルの定理，高次微分でのルジャンドル関数，楕円積分でのルジャンドル・ヤコビの標準形などがある．『幾何学原論』（1794），『整数論試論』（1798）などを著した．

や否や，他の人が小説を読むような調子で，端から端まで読んでしまった．そして，それを読み終わったとき，非常に長く続く一連の定理が彼の頭の中にしっかり定着した，と言われている．ガロアは数学を独学によって，やり始めたといってもよかろう．ガロアは，図書館からラグランジュ[30]の『数値方程式の解法』『微分積分学講義』『解析関数論』などを借り出し，むさぼるように読んだらしい．ガロア16歳の第2学期の学籍簿には，次のように記されている．「品行は非常に悪い．性格は閉鎖的である．彼は独創性を目標としている．才能は際立ったものがあるが，その才能を修辞学に用いようとはしない．クラスの学習は全く何もしない．数学に対する熱狂が，彼を支配している．」ガロアは修辞学級に在籍しながら，専門の修辞学の勉強は全くせず，数学ばかりに熱中していた．しかし，数学にしてもトップではなく，第2位にしかすぎなかった．彼は数学の授業すら教師の言葉に耳をかさず，自分の興味と関心のあるテーマ，特に5次方程式の代数的解法のような難問ばかりを考えていた．数学教師ベルニエは，口をすっぱくして次のように忠告した．「数学というものは，基礎から順番に論理的に建築された建物のようなものであるから，基礎をおろそかにして，最初から難問に取り組むのは無謀だ．」初めのうちはガロアの才能を高く評価していたベルニエも，自分の忠告を聞こうともしないガロアを非難するようになる．「才能豊か，著しい向上，しかしこの生徒はもっと秩序立てて学習するならば，もっと大きな進歩をするであろう」と，学籍簿に記入したベルニエは，ガロアに第7位の成績しか与えなかった．17歳になったとき，

---

[30] ラグランジュ，ジョセフ（1736-1813）．フランスの数学者．『解析力学』（1788），『解析関数論』（1797）を著した．それらの中に，整数の平方和に関するラグランジュの定理や，テイラー展開でのラグランジュの剰余，極値問題でのラグランジュの乗数法等があり，彼の名誉を残すものは多い．

エコール・ポリテクニク[31]を受験しようとする．当時，数学準備学級を終えたあと，数学特別学級で1年間数学を勉強したものが受験するのが普通であった．しかしガロアはベルニエ先生らの忠告も無視して，数学準備学級を終えただけの段階で，敢えてエコール・ポリテクニクを受験し，見事に失敗してしまった．やむを得ず数学特別学級に入り，そこで数学教師リシャールに出あった．

ガロアの天才性（2）リシャールの期待

リシャールはガロアの才能を高く評価し，「この生徒は，すべての級友のなかで際立った優秀さを示している」「この生徒は数学の高等な部門しか研究しない」などと学籍簿に書き留めており，学年末には第1位の成績を与えている．リシャールの期待にたがわず，17歳の若さで処女論文「循環連分数についての一定理の証明」を発表した．この論文は当時の数学者の注意を呼ばなかったけれども，循環小数に関する重要な定理を提供した論文である．その頃，フランス科学アカデミーにも方程式論に関する重要な論文を提出した．そのことについて，ガロアの友人シュバリエの証言がある．「17歳でガロアは，方程式の理論において，いくつかの最高に重要な発見をした．コーシー[32]は，この若い生徒によって考えられた理論の要約を，科学アカデミーへ提出することを引き受けた．だが彼はそれを忘れ，要約を紛失してしまった．ガロアはアカデミーの書記にそれを要求したが，無駄であった．ガロアは心を乱さ

---

[31] フランスの理工系エリート養成のための高等専門教育機関．フランス最古のグランゼコール．

[32] コーシー，オーグスティン（1789-1857）．フランスの数学者．『解析学教程』(1821)，『無限小解析要綱』(1823)を著し，解析学の基礎を明確にした．数列や級数の収束に関するコーシーの判定法，コーシーの積分定理，テイラー展開でのコーシーの剰余項などがある．

れた．ガロアによってその判定を依頼されたアカデミーが，彼の最初の研究に少しも注意しなかったことは，彼にとって苦悩となり，死に至るまで，この苦悩は次第しだいに激しいものになっていったに違いない．」名もない一中学生の書いた論文など，多忙なコーシーは読む暇など持たなかったかもしれない．あるいはガロアの論文の書き方がまずかったため，コーシーが気を入れて読む気持ちにならなかったのかもしれない．ガロアの勉強はすべて自学自習であって，自分が解りさえすればそれでよく，他人に対して説明しなくてはならない説得的数学というものは，極めて不得手であったと考えられる．つまり，ガロアは体得的数学ばかりをやっていて，外に向けての説得的数学の方は全くやっていなかったのである．ガロアの不幸はここに始まるといってよかろう．

　田舎町の町長であったガロアの父は司祭との対立に疲れ果てた末，自殺してしまった．そのような不幸の中，再びエコール・ポリテクニクを受験した．今度は絶対大丈夫というリシャール先生の太鼓判にもかかわらず，再び失敗してしまった．試験は二人の試験官を前にして口頭試問の形式で行われた．試験官に出された問題に対しガロアは解答を示した．試験官が質問し，その理由を正した．あまりにも非本質的な部分に対し，しつこく，しかもつまらぬ質問をするものだから，ガロアは腹を立ててしまい「こんなことは，あなたにも明白なことではありませんか」と言った．試験官は「明白ではないとしてもらいたいですな．説明してくださるようにお願いしているのです．申し上げておきますが，君がこのつまらない事柄にさえ説明できないとしたら，この試験には通らないものと覚悟してもらいましょう．どうです．受験希望者君，ご返答は！」ガロアの右手は，黒板消しを握りしめていた．ガロアは黒板消しを振り上げ，試験官の頭めがけて投げつけた．狙いたがわず，それは正に命中した．「これです．僕の返答は．」

　ここには，言葉によって自分の考えを相手に説明することの下手な人

間の姿がありありと書かれている．反面，私自身も含めて我々数学教師は，この試験官と同じようなことをしているのではなかろうか．「明らかだでは説明にならない．筋道を立てて他人に説明できないようでは，本当に解っているとは言えない」として，子供たちが生れながらにして持っている直観的洞察力を，押し潰してしまう結果を招いているのではなかろうか．私事で恐縮だが，女房の高校時代の数学教師の中に「なぜ，どうして」を連発する先生がいたという．あんなに高圧的に言われるとおびえてしまって，解っていても答えられなくなってしまうと言っている．年をとってからの同窓会でも，「あの先生のせいで数学が嫌いになった」と，いつもその数学教師の悪口が出るそうである．「そんなに嫌いな数学教師となぜ結婚した」と聞いても「日常生活でもそんな人間とはわからなかったから」と平然と答える．どうも，日常生活にも「なぜ，どうして」が出ているらしい．「あなたはいつも冷静で面白みがない．冷血人間ではないか」などと女房に言われるのも，このことに原因しているのかもしれない．数学教師として，何人のガロアを圧殺してしまったことか，反省しきりである．

ガロアの天才性（3）行方不明の論文

ガロアはあれほど憧れていたエコール・ポリテクニクをあきらめ，不本意ながら教育大学[33]を受験した．この試験においても，かろうじて入学許可を得たような状態であった．このときガロアは18歳になっていた．その年にガロアは三つの論文を発表している．また数学グランプリに参加するため，科学アカデミーに「方程式の一般解について」という

---

[33] エコール・プレパラトワール．グランゼコールの一つで，現在のエコール・ノルマル・シュペリウール（高等師範学校）の前身．

論文を提出した．審査のために自宅に持ち帰っていたフーリエ[34]が急逝してしまい，またしてもその論文の行方が分からなくなってしまった．グランプリは少し年上のアーベル[35]とヤコビ[36]に贈られた．その時のガロアの無念はどんなであっただろうか．司祭との葛藤の末の父親の自殺，二度の大学受験の失敗と，科学アカデミーに提出した論文が二度にわたって紛失するなどの結果，ガロアが権力機構に対し不信を抱くようになったのは当然のことだと思われる．

丁度その頃，7月革命が起り，それを契機としてガロアは政治活動に突入してゆく．7月革命の前後，エコール・ポリテクニクの学生たちは，街頭に出て華やかに活動していたのに対し，教育大学の学生たちは校長の命により一歩も宿舎の外に出ることを許されなかった．革命により新政府が誕生すると，校長は新政府に忠誠を誓い，あたかも革命に力をかしたかのような事実とは異なることを新聞記者に語ったりしたため，ガロアはこの校長に腹を立て，革命当日，校長の取った態度を暴露する内容の投書をした．このことによりガロアは放校処分になってしまった．このとき，ガロアは19歳になっていた．ガロアの暴露した内容が真実であったにもかかわらず，類が及ぶのを怖れた学生たちはガロアが投書した内容について証言することを拒否した．ガロアはやりきれなさ

---

[34] フーリエ，ジャン (1768-1830)．フランスの数学者．『熱の解析的理論』(1822) を著し，熱伝導を数学的に研究し，フーリエ級数やフーリエ積分を考えだした．また，次元論や線形計画法のほか，確率論や誤差論についての先駆的業績があり，応用としての数学を目標とした．
[35] アーベル，ニールス (1802-1829)．ノルウェーの数学者．「五次以上の方程式は代数的に解けないことの証明」(1826) を著し，そこにはアーベル方程式，アーベル群などの概念がある．また，楕円関数論，一般積分論を創始し，そこにはアーベル積分，アーベル関数，アーベル多様体などがある．
[36] ヤコビ，カール・グスタフ (1804-1851)．ドイツの数学者．アーベルと楕円関数論を確立した．関数行列式でのヤコビ行列式（ヤコビアン）や，力学上でのハミルトン・ヤコビの偏微分方程式，平方剰余でのヤコビの記号などがある．

のため，学生たちに次のように訴えた．「諸君立て！ぼくは自分のためにこれを要求するのではない．諸君は自分の良心に従って，真実を社会に語るべきだ．…ぼくが諸君の仲間であり，命をかけても諸君のために働くことを信じてくれ！」ガロアのこの悲痛な叫びにも，誰一人答えてくれる者もなく，ガロアは淋しく大学を去ってゆく．行動のみが先走り，説得力を持たなかったために，周囲の人々から完全に浮いてしまった哀れな道化師の姿がそこにある．

　ガロアは放校されたあと，尖鋭的な活動家として政治活動を続けた．一方，書店で高等代数学の公開講座を開いたり，フーリエが紛失した論文を再度フランス科学アカデミーに送ったりしている．政治犯が無罪放免となったのを祝う祝宴で，王に対して危害を加えるような暴言をはいたとしてガロアは逮捕されたが，1カ月後に釈放された．その頃，科学アカデミーに再提出していた論文が，ポアソン[37]により「理解不可能である」として却下されたという通知も受け取っている．ガロアの釈放を不満としていた警察によって，釈放後1カ月もしない7月14日，フランス革命のデモ中，はっきりしない理由により再逮捕された．何とかかんとか妙な理由をつけて拘留期間は延期され，結局，正式に釈放されたのは逮捕後9カ月以上もたった4月29日であった．ガロアは獄中で20歳を迎えている．拘留中の3月にコレラが発生し，ガロアは療養所に移された．療養所に移ってからはいくらか自由になれたらしく数学の論文に取りかかり，憤激と侮蔑の念をあらわにした序文を書いている．「この二論文が公表されるのがこのように遅れたのは，科学界の大

---

[37] ポアソン，シメオン（1781-1840）．フランスの数学者．ベッセル関数でのポアソンの公式，フーリエ変換でのポアソンの和公式，ポアソン積分上でのポアソン核，確率論でのポアソン分布とポアソン過程などがある．著書に『力学概論』(1811)，『確率の研究』(1837) などがある．

御所のせいであるし，この論文を獄中で書いているのは，世の重職にある人たちのせいである．」「私がぜひ語っておきたいことは，学士院会員という紳士諸君のカバンの中から，いかにしばしば原稿が失われてしまうかということである．」「ここに印刷された二論文の最初のものは，ある巨匠の眼に触れていることなのである．1831年に学士院へ送られたその梗概は，ポアソン氏の審査に委ねられたが，同氏はこれは全然理解することが出来ないと言われた．私の自負する所では，これはポアソン氏が，私の仕事を理解をしようと欲せられなかったか，あるいは理解する能力を持たれなかったことを証明するものと思われる．しかし大衆の眼には，それは私の著作が無意味なものであった証拠だと映ずることは確実であろう．」「ことに私は，エコール・ポリテクニクの試験官たちの失笑を買わねばならないであろう．彼らは数学教科書の印刷を独占しているがゆえに，自分たちが二度も落第させた若者が，厚顔にも教科書にあらざる論文を著したのを見て，額に侮蔑の八の字を寄せるであろう．」

ガロアの天才性（4）「もう時間がない！」

「私の提唱する一般理論は，その一つの応用であるに過ぎない部分を，綿密に読んでいただくことによってのみ理解し得るものなのである．その理論的観点は，応用に先んじられて得られたものではない！しかし私は著作を終わった後に，なぜこれが読者に難しくまた奇妙に思われるのだろうか，と自問したことがある．私の信ずる所では，その理由は形式尊重と計算とを避けようとする私の癖にある．またその上に，このような主題を扱う場合には，形式尊重を徹底させようとすれば，超えることのできない困難があることを私は認めているのである．」

療養所にいる間にある女性に恋をし，釈放後もしばしばその女性とあっていた．ところがその恋人には他に男がいて，遂にその恋敵と決闘

をする羽目になってしまった．決闘の前夜，ガロアは死を予感し，友人シュバリエに「親愛なる友よ！僕は解析学における新発見をした」という言葉で始まる手紙を書き，自分の研究のアウトラインを時間の許す限り書き綴った．一晩中寝ないで，充血した目をしばたきながら，自分の頭の中にあるものを書き続けたが，刻々と黎明が近付くにつれ，追い立てられるような気持ちにでもなったからであろうか「もう時間がない！」と書きつけている．「ここに書いたものは，この一年間にわたって僕の頭の中にあったものだけであるが，完全に証明のないまま結果だけを書いたものではないか，と疑う人がいるかもしれない．僕にはこのことが一番気になっているのだ．」「以上の諸定理の正否ではなく，その重要性について，ヤコビかガウスが意見を述べてくれるよう，公開の依頼状を出してくれないか．その後，僕のやり残した部分をも，解明してくれる人たちが出てくることを希望する．」5月30日早朝，ガロアは決闘に倒れ，偶然通りがかった農夫に発見されて，病院に担ぎ込まれた．誰よりも先に駆け付けた弟は，ベッドにしがみついてさめざめと泣いていたが，ガロアはその弟を慰めるように「泣くんじゃない．20歳で死ぬためには，ありったけの勇気が必要なんだ」と言ったという．12時間も苦しんで，1832年5月31日午前10時，ガロアは20歳と7カ月の生涯を閉じた．ガロアの業績が知られるようになるのは，ガロアの没後二十数年たってからであるし，ガロアの理論として評価されるようになるまでは70年以上の歳月が必要であった．

　ガロアは天才であったと言ってしまえばそれまでであるが，型通りの数学教育を受けなかったからこそ，ガロアの天才性は抹殺されることなく，伸び伸びと育ったのだといえるのではあるまいか．これまでの（西洋的）数学教育では論理性を重んじるあまり，誰にも解るように論理的に筋道の立った答案を書くことだけを要求してきた．そのため，誰もが生まれながらにして持っている直観性のほうを犠牲にしてきたともいえよう．

今，なぜ和算なのか
―直観性を失わせない教育―

　いよいよ，本題に入ることができる．二つの観点から考察してみたい．一つは，文化史的観点からであり，もう一つは数学教育史的観点からである．文化史的に観るということは，日本独特の文化と他の国々との文化を比較することになるし，もう一面は日本の国の中での地方，上方と江戸もしくは，農民，町人と侍という立場で観ることにもなるだろう．

東洋と西洋の教え方

　日本に中国から文字が入ってきた頃，漢字と同時に数の数え方や九々も学んだものと思われる．簡明な中国の数を学ぶ前の日本での数の数え方はヒトツ，フタツ，ミツ，・・・という大和言葉（訓読み）であった．よく指摘されているように，ヒトとフタはともに，ハ行とタ行からなっており，ミとムはマ行である．さらにヨとヤはヤ行であるし，（イ）ツとト（オ）は（ア行）とタ行からなっている．つまり倍数法である．ナナとココノには倍に相当する一文字で表せる数はない．二十（廿）をハタと言い，三十（卅）をミソ，四十をヨソ，五十をイソ，六十をムソ，七十をナナソ，八十をヤソ，九十をココノソと呼んだものと思われる．十一や十二などは，ト（ア）マリ・ヒトツ，ト（ア）マリ・フタツなどと呼んだ．百はモモであり，ホもしくはオとも読まれた．数の多いことを五百（イオまたはイホ），八百（ヤオまたはヤホ）という．さらに

千はチであり，萬はヨロズである．非常に大きな数を表す言葉として八百万ヤオヨロズという言葉もある．しかしながら，このような大和言葉では三百六十五などという三桁以上の数の読みは容易ではなかったに違いないし，恐らく日常生活ではせいぜい二桁までの数しか扱わなかったであろう．中国から簡便な数の読みを学び，すぐに九々なども覚えたものと思われる．その証拠に『万葉集』の二二をシ，十六をシシ，八十一をククと読ませている例があることが知られている．このため，日本では日常生活での大和言葉と，九々など数学的な表現をする時の中国的な音読みとの両方を使い分けていた．

これに対して，ヨーロッパでの数の唱え方は10進記数法通りではではなくて，やや不規則である．特にフランスでは，20進法すら混在していてややこしい．たとえば，81は4個（quatre）の20（vingt）と1（un）であって quatre-vingt-un と読まれる．したがって，九々を覚えるどころではない．国際学力調査などで，算数の学力が十進法を使用している東洋系が強いのはこのことに起因しているものと思われる．日本語がヨーロッパ系の言語に比べて，算数の計算に際して有利であることが解かったが，それでもなお日本語に欠点がないわけではない．

子どもたちのつまずき

昔，特殊学級の子供たちの，数の学習について調査したことがあるが，通常の子供たちなら難なく乗り越えるはずのところで，特殊学級の子供たちはつまずいていた．授業では，音読みのイチ，ニ，サン，…を使っているのに，日常生活では親や先生たちが易しく言おうとしてヒトツ，フタツ，ミッツ，ヨッツ，…などの，訓読みのほうを使用しており，子供たちが，この二つのタイプの表現を統合出来ないでいることが分かった．

6. 今，なぜ和算なのか　—直観性を失わせない教育—

　特殊学級ではかなり進んでいる子供たちの場合であったが，1, 2, 3, … のバラタイルと，10, 20, 30, … のボウタイルとで学習をし，100までの数を勉強しているとき，全く思いもかけない所で行き詰まっていた．10台の数，たとえば13などがボウタイル1本とバラタイル3個ということも解っていた．続いてニジュウシがボウタイル2本とバラタイル4個ということも理解できるようになってきた．これなら100までの数ならどれでも大丈夫だろうと思っていた矢先，これまで難なく出来ていたのに，ジュウゴが出来なくなっている．バラタイル5個は解るが，ボウタイルを何本持ってくればよいのか解らないというのである．イチジュウゴと言ってやると解るのだが，イチが略されていることが理解できない．そういえば，イチヒャクのイチも略す．イチセン（イッセン）のイチは略すこともあるし，略さないこともある．しかし，イチマンのイチは必ず入れている．われわれは慣れから気が付かないでいたが，確かに日常言語は規則通りにはなっていない．日常言語のこの融通無碍な使い方が，特殊学級の子供たちの学習に大きな障害になっていたのである．これは普通学級の子供に対しても，全く同じ障害になっているに違いない．たとえば，中学以降で学ぶ代数式の計算で $ma+na=(m+n)a$ を学んだ生徒が，$a+3a$ を $3a$ としてしまうのに似ている．a が $1a$ の略記であることをきっちり抑えておいてやらないと，このような誤りをするのである．また，a を a^1 の略記と理解するのも同様である．また読みと記法とがうまく対応していないことを理解させるのも重要であろう．たとえばジュウサンを103と書いたり，ニジュウを210と書いたりする類についての注意である．つまり数学的表現にその国で用いられている言葉が影響を与えていることを理解させるべきである．そのような例として，現在使われている数式表現を上げることもできよう．代数学での数式は近世初期，ヨーロッパで発生したものでヨーロッパ系言語を忠実に反映している．たとえば

$a+b=c$ には英語での a and b makes c が対応している

日本語での a に b をたすと c になる　に対応させると $ab+c=$ 　となる

のだが…. 当然のことではあるが，日本語に対応していないこのようなヨーロッパ風の数式表現が，日本の中学生・高校生たちの数学学習に困難さを与えていることは確かである．（上で述べた日本文式の数式表現法は，逆ポーランド記法といわれ括弧不要の数式表現法として知られている．）

計算のはじまり

英語では計算することを calculate というが，これは「小石を使って数を数える」ということであったらしい．漢字での算や筭の字の語源について調べておこう．もともと，横棒二本と縦棒三本を並べ，それを二組合わせて十本で計算したため，祘（サン）が数える道具を表すようになったという．それに両手を付け加えたものが弄（ロウ，もてあそぶ）の字で，さらに竹を付け加えたのが筭の字である．他方，算の字の方は，竹と具を合成したものであるが，筭のほうは計算の道具を指し，算のほうはそれを使って計算することをいうそうである．昔直径一分，長さ六寸の竹棒を手で扱って数を数えたが，丸いと転がるため，木製の角柱（**算木**）が使われるようになったという．これを紙，または板（算盤）の上の升目の中に並べて，1位，100位，10000位などは上のように配列し，10位，1000位，100000位などは下のように表記した．これは紙などに書写する場合，混同する恐れがあったからで，実際に算盤上で計算する場合はその区別は必要がなかったと思われる．また算木には赤と黒の二種類があって，赤で正数を黒で負数を表したが，書写する時は末位の数字に斜線を入れて負数を表記した．

6. 今, なぜ和算なのか —直観性を失わせない教育—

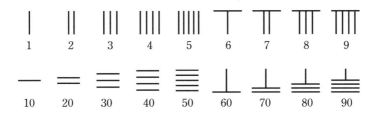

　奈良平安時代, 算生 (サンショウ) たちは『九章算術』[1]などによって数学を学び, おそらく『孫子算経』[2]によって算木の使い方を習得したものと思われる.『延喜式』[3]などでも加減乗除による諸種の算術計算は間違いなくしているし, 比例配分を扱ったものもある. 以降, 暦や測量などに数学を利用したことは確かであるが, 社会の中で数学はあまり使われなかったらしく, **算博士** (サンノハクジ) の制度も, 世襲で実質的に大した役割も果たしていなかった. 中国の数学書『算数書』[4]や『九章算術』などは, 官吏に必要な数学知識を与えるものとして編まれていた. 特に興味深いのは, 法に基づく計算法が中心に述べられており, そのためか法破りを見抜く術も書かれていることである. また逆に庶民からの苦情に対処するためか, 誤券の項目があり, 官吏が誤って発行したものを正しく修復する方法も述べている. その後の日本の数学書などには, このようなものは見受けないように思われる. 日本人は「事挙げ」しない, またはお上の言うことに従う従順な民族のせいなのだろうか. ギリシアでもアルキメデスが比重を測って, 金の冠に銀が混ぜられていることを告発しているし, 中国でも漆に水が混入していることを突き止

---

[1] 16 ページ 注 22 参照.

[2] 18 ページ 注 36 参照.

[3] 『延喜式』, 養老律令に対する施行細則を集大成した古代法典. 50 巻

[4] 16 ページ 注 21 参照.

める問題が述べられている．「だまされる方が悪い」とか，法の裏をかくという発想は日本人にはなさそうである．しかしながら，このような法の抜け道を探ろうとする人たちへの対応の中から（または戦いに勝とうとする考えの中から），科学が発展してきたことも否定できないだろうが．これはギリシア人や中国人と，日本人との民族的違いのせいであろうか，興味深い所である．

算木を置く人

　西暦8世紀成立の「律令」の中の「学令」に「三分は博士に入り，二分は助教に入る」という文章があるが，助教は二人いるので，全体を7で割って7分の3を博士に，7分の2ずつを助教に分けることを意味していて，比例配分の例である．当時比例配分の計算が行われていたことを示している．西暦11世紀頃の『政事要略』[5]には大きな数三百九十七万三千六百九十九束が見えるのも，当時の数に対する理解程度を知る手掛かりとなるだろう．さらに11世紀後半の『今昔物語集』[6]には，ある男が宋人から算の術を習う話が出ていて，算の術によって運勢を占ったり，病人を助けたり，人を殺したりすることもできるという．その男が女官たちから面白い話をせよと言われ，話は出来ないが皆を笑わせることなら出来ると言って算木を置いた所，女官たちは笑い転げて止まらず，やっと算木を崩して笑い止んだという．「かく筭の道は極めて怖ろしき事にて有る也」と書かれている．算木を置く人の事を**算置き**といい，陰陽師や易者より身分の低い占い師であった．当時の社会通念として，算木を使う算術者は算置き程度の身分の低い占い師位にしか考えられていなかった．この算置きたちは算木を使って，生れて

---

[5] 『政事要略』，平安中期の法制書．もと130巻．現存26巻．

[6] 『古今物語集』，平安後期の説話集．編者不祥．

くる子供の性別や，病人の生死などを占っていたという．これは中国の数学書『孫子算経』の影響であろう．また12世紀後半の鎌倉初期，16町歩の耕地を荘園から獲得した農民たちは，全耕地を29番に均等に分け，それに2人ずつの作人を割り当てた．そのため16町を58に割る必要性が生じたのである．さらに分数表記としては14世紀中頃の円月和尚の書いたものの中に，分数を分数で割る複雑な計算が出ていて，答えとして平均の月の日数二十九日九百四十分日之四百九十九を得ている．これを見ると室町時代には数学をかなりの程度まで理解していた人がいたことを示している．この円月和尚は12歳のとき，道恵和尚について『孝経』『論語』『九章ノ算法』を学んだとあるので，いわゆる寺子屋の走りであったのかもしれない．

和算以前の数学遊戯

　日本人は知的好奇心の旺盛な人種ではないかと思われる．たとえば，狂言に「三本の柱」といわれるものがある．果報者が太郎冠者，次郎冠者と三郎冠者の3人に「山に切り出して置いた柱が三本あるから，一人二本ずつ持ってこい」と言いつけた．山に行ってみると確かに柱が3本切り出されていた．一人が1本ずつ持って帰り始めたが，一人2本ずつ持って帰れと言われたことを思い出した．いろいろ思案するがよく解らない．その時，太郎冠者はひらめいた．柱3本を三角形状に置いて，頂点で一人2本ずつ持てば，確かに一人が2本ずつ柱を持てる．主人が我々の智恵を試そうとされたが，うまくできたようだと，喜んで囃しながら帰って行くという話である．この狂言は室町時代に成立したらしい．同じく室町時代の『異制庭訓往来』[7]に碁石でする遊びとして**左々立**，百五減，盗人隠，継子立などの名前が挙げられている．これらの

---

[7] 『異制庭訓往来』，南北朝時代に成立したと推測される往来物．撰者は不詳．

遊戯を簡単に紹介しておこう．まず左々立であるが，「ここに碁石が30個ある．私が後ろを向いている間に『さっ』という掛け声をかけながら，2個か3個の碁石を取り，2個なら左側に3個なら右側に置いてくれ．左右の石の個数を当ててみせよう」というのが問題である．今なら簡単な2元連立方程式の問題であるが，数学を知らない当時の人には『さっ』という声だけを聞いて当てられるのは不思議であったと思われる．今なら小学生でも理解させることが出来よう．有名な**鶴亀算**もこの種類の問題である．次は**百五減**であるが，これは少し難しく中学生位でないと理解させ難いかも知れない．孫がおじいさんの年を当てるという形で考えさせるのがよいかもしれない．「おじいさんの年を3で割った余り1，5で割った余り4，7で割った余り2を聞いて，おじいさんの年は79歳と当てる」ような問題である．計算結果から105引くか，足すかして求めるため百五減の名が出てきた．**盗人隠**というのは，「3行3列の升目に碁石を最初，1行，3行，1列，3列に7個ずつの碁石計16個を配置する．8人の盗人（碁石8個）をかくまうのに，各行各列の人数7は変えないでうまく配置せよ」という問題である．これは試行錯誤的問題であるから，小学生にも考えさせることが出来よう．これと同じような問題が17世紀初め頃のフランスのバシェの本にも出ているという．数学があまり普及していなかった日本の室町時代にこのような碁石遊びがあったということは，日本人も中々知的好奇心に富んでいたことを物語っている．知的ゲームとして平安時代以降，碁や将棋も貴族の間で行われていた．

継子立は鎌倉時代末期の『徒

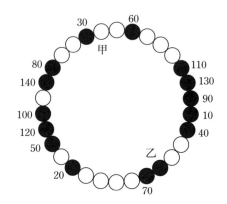

6. 今, なぜ和算なのか —直観性を失わせない教育—

然草』[8]に「まゝ子立てといふものを双六の石にて作りて, 立て並べたる程は, 取られん事いづれに石も知らねども, 数へ当てて, 一つを取りぬれば, 其ほかは逃がれぬと見れど, またまた数ふれば, かれこれ間抜きゆく程に, いづれも逃がれざるに似たり」と出ている. 同じ頃の『二中歴』[9]には次のように出ている.

　　後子立　二一三五二二四一一三一二二一　この数は白黒の配列を示している.

江戸初期の『塵劫記』[10]には「子卅人有, 内十五人先腹, 残り十五人当腹也. 右の如く立並べ, 十に当たるをのけて, 又廿に当たるをのけ, 廿九人までのけて, 残る一人に後をゆづり可申といふ時, まゝ母かくの如く立てたる也. さて (甲より) 数へ候へば, 先腹の十四人までのき申候時, いま一たび数へ候へば, 先腹の子皆のき申候ゆへに, 一人残りたるまま子 (乙) の言ふやうは, あまりに片一双にのき申候間, 今よりわれより数へられ候へといへば, 是非に及ばずして一人残りたる先腹の子より数へ候へば, 当腹の子皆のき, 先腹一人残る也」とある.『二中歴』の数字を図の甲より右回りに白黒白黒と見てゆき, 10, 20, 30 と除いてゆけば, 先腹 (黒) は全部除かれ, まゝ子 (乙) 一人だけが残る. 今度は乙から数えれば, 当腹 (白) が皆除かれ乙だけが残る. このような問題はヨーロッパでも4世紀初め頃のジョセフスのトルコ人とキリスト教徒の問題としてあるそうだが, トルコ人が皆除かれるという形になっていて,『塵劫記』のような最後の逆転はない. このような問題を数

---

[8]　吉田兼好『徒然草』, 鎌倉時代の随筆. 継子立を世の無常観にたとえている.
[9]　『二中庭』, 鎌倉末期成立の百科事典. 13巻. 編者未詳.
[10]　19ページ 注40 参照.

101

学的に研究したのが関孝和の『算脱』である．この解答は高校生でもなかなか難しいので，数学好きの高校生の研究テーマとして適当であろう．

　おそらく戦国時代と思われるが**虎の子渡し**という川渡りの問題がある．虎が3匹の子を産むと，1匹は大変獰猛で，親がいないと他の虎を食べてしまうという．そのため，親虎は川を渡るとき一匹ずつしか渡せないため，獰猛な子虎と他の虎だけを残しておくことができないので，大変苦労するという．親虎は3匹の子虎を向こうの岸まで運ぶことが出来るか，というのが問題であるが，13世紀頃の中国の書物に出ているものらしい．日本では京都南禅寺の石庭に虎の子渡しを表現したものがあるという．ヨーロッパでは8世紀終り頃のアルキンの著書に出ている**狼の渡船**という問題があり，虎の子渡しより少し難しいので，虎の子渡しをやった後やらせるのが適当であろう．「ある人が，狼と山羊とキャベツを持って旅に出た．ところが渡船場には小舟が一艘しかなく，船が小さいため荷物は一つしか載せることが出来なかった．主人がいないと狼は山羊を食ってしまうし，山羊はキャベツを食ってしまう．どうしたら，全部の荷物を向こう岸に渡すことが出来るだろうか」というのが問題である．もう一つ，江戸初期の『醒睡笑』[11]に，義経と弁慶が東国に向かった時の話として**父の子母の子**という問題も出ている．「義経と弁慶が民家に泊った際，子供が沢山いるので，弁慶が聞いたところ，『父の子六人，母の子六人，合わせて九人に候』と答えたという．これはまたどういうことだろうか」というのが問題である．解答は父母は再婚で，父の子3人，母の子3人，二人の子3人という内訳である．

---

[11] 『醒睡笑』，江戸初期の咄本．安楽庵策伝著．元和9年（1623）成立．戦国末期から近世にかけて語られていた笑話を集大成したもの．のちの噺本や落語に大きな影響を与えた．

計算するための器具

　計算するための器具アバカスの最も古いものとして，古代メソポタミアのシュメールのアバカスがあるという．これは60進法の計算のための計算器具で，加法と減法の計算に用いられた．一方，古代エジプトでも小石をテーブルの上で右から左へ移動させて計算したらしい．古代ギリシアでは起元前300年頃のアバカスが発見されており，古代ローマでも似たようなアバカスを使っていた．これらは溝に珠がはめ込まれていて，5玉1珠と1玉4珠からなっていて，現代の日本のそろばんに近いという．計算はこの珠を溝にそってスライドさせて計算した．しかし，棒に刺されている珠を移動させる東洋型に比べて動きがスムーズにゆかないという．ロシアでは最近まで10個の珠を棒に通したアバカスが使われていた．中国で現代も使われているそろばんが発明されたのは何時の事かはっきりはしないが，13世紀の宋の時代らしい．これは5玉2珠，1玉5珠で，10進法や16進法の計算が可能であるという．（珠は楕円形で日本のように菱形ではない．）このそろばんでは加減乗除の計算のほか，平方根や立方根の計算も可能である．日本にそろばんが伝えられたのは，室町時代から戦国時代にかけてのことであるが，江戸初期，毛利重能や百川治兵衛さらに吉田光由らが，そろばんの解説書を著して急速に日本全土に普及した．計算には5や10の補数が使われ，しかも操作が機械的で視覚に訴える所があり，位取りなどの理解にも便利な器具である．確かに電卓は便利ではあるけれども，数の仕組みを理解することはこれではできない．

『塵劫記』の問題

　『塵劫記』には興味深い問題が沢山出ている．碁石でする遊びとして紹介しなかったもの，杉成算，入子算，日に日に倍，ねずみ算，絹盗

人算，油分け算，薬師算，馬に乗る算，目付字などについて，簡単に述べておく．算数，数学教育の教材として最適であると思うからである．ただし，教材として使用するときは，子供たちの力を考慮しながら工夫することが大切であろう．**杉成算**は俵算とも呼ばれているが，俵を二等辺三角形状に（または台形状に）並べ，段数と下または上の俵の数を知って全体の俵の総数を求める問題である．杉の立木を横から眺めると二等三角形に見えることから杉成りというのである．中国では二等三角形を圭といったので，学問的には杉成の事を圭垜（ケイダ）という．これは等差数列の和を求める問題であるが，面白いのはその解法で，台形（または二等三角形）を上下逆さにしたものをもう一つ作り，これをくっつけて平行四辺形として総数を求め二で割るという算法である．（この方法は三角形や台形の面積計算に利用できるだろう．）これと関連して少年ガウスの話（1 から 100 までの総和を早く求めたという話）をするのも一興かもしれない．**入子算**も等差数列の和を求める問題である．**日に日に倍**の事は曽呂利新左衛門が秀吉から褒美に何でもやると言われて「最初の日は米 1 粒，その次の日はその倍の 2 粒というように毎日倍，倍にしてもらって，将棋の盤の目の日数分（81 日分）頂きたい」と言ったという問題である．総数 S は

$$S = 1 + 2 + 2^2 + 2^3 + \cdots + 2^{80} = 2^{81} - 1 = 4029752732048739156875 1$$

となるという．私は確かめていないが，「塵劫記」では 1 引くのを忘れていて上の答えより 1 多くなっているという．計算は $S = 2S - S = 2^{81} - 1$ とすればよいことが解るだろう．次の**ねずみ算**も等比数列の和を求める問題である．次の**絹盗人算**は「ある人が絹を盗まれた．盗人たちが橋の下で分配している．8 反ずつ分けると 7 反足りない．7 反ずつ分けると 8 反余るという．盗まれた絹は何反で，盗人は何人か」という問題である．これは過不足といわれている中国古来からよくある問題である．

その次の**油分け算**は中々興味深い問題である．
「斗桶に油 1 斗（10 升）が入っている．これを七升の升と三升の升だけを使って 5 升ずつ二つに分けたい．どうすればよいか」という問題である．七升の升に x 升，三升の升に y 升入っている状態を (x,y) で表すことにすると，斗桶には $10-x-y$ 升残っている．最初は $(0,0)$ で，続いて $(0,3)$ とする．この操作を順次矢印→を使って表せば

$$(0,0) \to (0,3) \to (3,0) \to (3,3) \to (6,0) \to (6,3)$$
$$\to (7,2) \to (0,2) \to (2,0) \to (2,3) \to (5,0)$$

となり，斗桶に 5 升入っているので，5 升，5 升に分けられたことになる．中々ややこしいが，試行錯誤の問題として最適かもしれない．ヨーロッパでは 16 世紀のタルタリアやバシェによってワインの量り分け問題として取り上げられているという．

続いて**薬師算**というのは「正 n 角形（$n=3,4,5$ など）の各辺に何個か（a 個）ずつ同じ数だけ置いてもらう．ただし $a \geq n$ でなければならない．一辺の碁石を残し，他の辺の碁石を崩して残した一辺の碁石の横に同じ個数ずつ並べる．すると端数が出るが，その端数 r を聞いて（各辺に置く碁石の個数 a は知らないで）碁石の総数を当てる」という問題である．これには定法 $m=n(n-1)$ を計算して総数 $S=nr+m$ として求めるのである．これには $a=n+r$ ということと $S=(n-1)a+r$ ことを利用すれば，このわけがよく理解できるだろう．この算法は文字代数を学ぶ中学生向けといえるだろうが，具体的な正方形の場合（$n=4$ のとき）なら，小学生にでも理解させることができるだろう．この場合，定法 $m=12$ となるが，12 が薬師如来に因んだ数であったため，薬師算の名前が出てきたのだという．というのは，薬師如来が菩薩のとき，十二の誓願を発したという．この十二の大願に応じて，十二神将はそれぞれ昼夜の十二の時，十二の月，または十二の方向を守る

と言われており，そのため十二支（子丑寅卯・・・）が配されている．

　馬に乗る算というのは「何人かの旅人が，道中何頭かの馬に均等に乗って目的地に着くにはどうすればよいか」という問題である．たとえば，六里ある道を旅人四人が馬三頭で行く場合の例でいえば，6里を4等分して1.5里を一区間とする．第一区間を一人が歩き他の三人が馬に乗る．二番目の人が第二区間を歩き残り三人が馬に乗る．そして三番目の人が第三区間を歩き他の三人は馬に乗る．最後にずっと馬に乗ってきた四番目の人が歩き他の三人が馬に乗りさえすればよい．これは小学生でも十分に考えさせることができる．（三人で袴二着を月20日ずつ着る問題としても出ている．）

　最後の**目付字**というのは興味深い．これは室町時代初期の『簾中抄』に「いろはの文字くさり『花にあり，葉にありとのみいひおきて，人の心を慰むるかな．花はとれ，葉はあだものと思ふべし．一二四八十六』」と出ていて，貴族の間で遊ばれていたものらしい．これでは何の事かよくわからないので，江戸中期18世紀中頃の『勘者御伽双紙』によって説明しておこう．図6-1のように桜の花と葉が描かれていて，五本の枝に花びらが十六枚ずつある．どの花びらにも文字が書かれている．（黒い葉にも文字があったがここでは略した．）下左枝（第一の枝）には数1を対応させ，下右枝（第二の枝）には数2を，中左枝（第三の枝）には数4を，中右の枝（第四の枝）には数

図6-1　目付字

6. 今，なぜ和算なのか ―直観性を失わせない教育―

8を対応させ，一番上の枝（第五の枝）には数16を対応させる．相手にある文字を思ってもらい，五本の各枝に思っている文字があるかどうかを聞き，それによって思っている文字を当てようと言うのが問題である．当て方は簡単で，あると答えてくれた枝に対応する数を足した答えから，下の対応表を見て答えればよろしい．（もちろんだが，濁点のない文字を考える．）

この絵の文字は小さくて読みにくいので，下に表示しておこう．

さ1	る3	の5	み7
い9	れ11	お13	ろ15
も17	な19	あ21	し23
へ25	ぞ27	る29	る31

第1の枝

く2	ら3	ふ6	み7
づ10	れ11	ぼ14	ろ15
は18	な19	り22	し23
ぞ26	ぞ27	る30	る31

第2の枝

木4	の5	ふ6	み7
と12	お13	ぼ14	ろ15
に20	あ21	り22	し23
て28	ぞ29	る30	る31

第3の枝

や8	い9	ら10	れ11
を12	お13	ぼ14	ろ15
24	か25	ず26	へ27
て28	ぞ29	る30	る31

第4の枝

げ16	も17	は18	な19
に20	あ21	り22	し23
を24	か25	ず26	へ27
て28	ぞ29	る30	る31

第5の枝

さくら 木のふ みやい づれと おぼろ げもは なにありしを かずへ てぞうる
 1 2 3   4 5 6 7 8 9   10 11 12 13 14 15 16 17 18 19 20 21 22 23 24 25 26 27 28 29 30 31

例えば相手の思っている文字が第二の枝と第三の枝と第五の枝にあって，残りの枝にはないとすると，対応する数は2と4と16だから足すと22になる．これに対応する文字は上の表から「り」であることが分かる．

当て方は解ったと思うが，文字をどの枝に配列するかを説明しておこう．当ててもらう文字31文字に1から31の数を対応させる．それはどのように対応させてもよい．その中に同じ文字がなければよいので，一文字と1から31の数のどれかが1対1に対応しておりさえすればよい．この数を2進法で表す．例えば13に対応する2進数は01101である．

下から4桁目の1には数8が対応し，下から3桁目の1には数4が対応し，最後の桁の1には数1が対応しているので，これらの合計が13になっている．つまり13に対応する文字は第一の枝，第三の枝，

第四の枝に書いておけばよいわけである．原理がよく解るようにするためには，文字を対応させないで，数を直接当てるようにするがよい．しかもその数を2進数で表すので，0から31までの32個の数を当てることが出来る．この問題は2進法を使うので小学生には少し無理かも知れないが，八つくらいまでの絵を当てる方式にしておけば，小学生でも考えさせることができるだろう．

使えそうな教材

『塵劫記』以降の江戸時代の他の数学書の中にも，現在の数学教育の中でも使えそうな教材が沢山ある．『算元記』[12]（1657）の**年齢算**，『改算記』[13]（1659）の中の**裁ち合せ**，『方円秘見集』[14]（1667）の中にある**小町算**，『和国智恵較』[15]（1727）の中にある**拾いもの**や**智恵の板**なども面白いし，さらに『勘者御伽双紙』[16]（1743）の中の**鴛鴦の遊び**や**飛び重ね問題**のほか**女子開平**なども数学教育上では有効だと思われる．また『算法童子問』（1784）での**数学の歌**なども興味深いものである．そのほか折り紙や紙テープ，サイコロ，将棋の駒などを利用した数学教材もあるし，日本以外のものから題材を拾えば，ギリシアの三大難問，ピタゴラスの定理，多角数，魔方陣，迷路問題，フィボナッチ数列，百鶏問題，一筆書き問題，虫食い算などなどいくらでも探すことができよう．これら

---

[12] 藤岡茂元『算元記』，塵劫記の遺題も解答している．

[13] 山田正重『改算記』，塵劫記に次ぐベストセラー．塵劫記，参両録の遺題を解き，自身の遺題11問を掲載した．

[14] 多賀谷経貞『方円秘見集』，塵劫記や算法闕疑抄などより選んだ問題の解説書．下巻に小町算の原型「卒塔婆小町謡数合事」がある．

[15] 環中仙(不破仙九郎)『和国智恵較』，江戸時代のゲームやパズルに関する数学遊戯本．

[16] 中根彦循『勘者御伽双紙』，数学遊戯本．

の問題についての解説はここでは差し控えるが，最後に載せた文献をご覧の上，自ら教材化の工夫をしてほしい．

江戸時代の子どもたち

江戸時代，子供たちは上方での寺子屋（江戸では手習い所）でどのように勉強したのだろうか．前にも述べたように同一年齢の者を一堂に集めた一斉授業形態ではなく，学習者一人ひとりの個別学習，自主学習であった．つまり，教える側が一方的に決めたカリキュラムにしたがって上から教える形態ではなく，学習者の都合や意志によって決まる自発的学習であった．就学年齢は7歳もしくは8歳位からで，学習時間も午前8時頃から午後2時過ぎまでと意外に長い．江戸末期19世紀中頃の就学率は7割ないし8割で，当時のヨーロッパに比べても非常に高い．（欧米で最も高いイギリスですら2.5割程度であったという．）テキストはそれ程親切ではなく，必ずしも自学自習に向いているとは言えなかったが，そのため解らない所は先輩や先生に聞いたのである．加賀大聖寺の西尾塾の資料が残されているが，それを見ると子供たちが理解しやすいような教材，たとえば折り紙で作った立体模型などが残されているのを見ても，教える側が何がしかの教材の工夫をしていたことが伺える．そういえば古代中国での立体図形に対してさまざまな名前がつけられていて，それらに対応した立体模型も考案されていたらしいので，江戸時代の日本でもそのような工夫をしていたものと思われる．円の面積が半径に半円周を掛けて得られる事を理解させるために，円を直径で32等分した図を示して直観的・視覚的理解を試みていることなど，このような例であるし，直角三角形ABCの直角頂点Aから斜辺BCに垂線AHを書いた時，

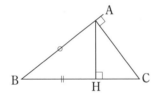
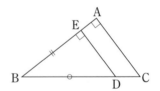

二つの三角形 ABH と CAH が相似であることを理解させるのに，△ABH を B の所で裏返した図△DBE を示して了解せるのもこの類である．右の図を示された時，子供たちは「アッそうか」と瞬時に了解するのではあるまいか．恐らく右の△CAH のほうも裏返したら全体の三角形と相似になることを見抜いたからであろう．これはレベルの違いこそあれポアンカレがヒラメイタときの感覚に近いものではなかろうか．しかしながら，これは現代の数学の立場からいえば，極めて不満足なものである．まず第一に二つの三角形が相似とは何かの定義がはっきりしていないからである．相似の定義がはっきりしていないと，何を示せば相似と言えるのかがいえないからである．次に，仮に右の図から△CBA と△DBE の相似ということが解ったとしても，△ABH が△CAH が相似であることをいうにはいうべきことがまだまだ沢山あるのではあるまいか．だから「なぜ」と聞きたくなる．これはあたかもガロアが受験の際「それはあなたに取って明白なことではありませんか」と言って，黒板拭きを投げつけたときの心境に子供を追い込むことになりはしないだろうか．

これも私事で恐縮だが，かつて関西学院大学で非常勤講師として勤務していた頃，ナポレオンの

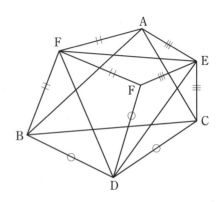

定理「△ABC の各辺の外に頂角 D, E, F の大きさが 120 度の二等辺三角形 BCD, CAE, ABF を作ると, △DEF は常に正三角形である」を証明せよ, という宿題を出したことがある. 山本君という学生であったと思うが,「DE, EF, FD で外にある三角形を中に折り曲げたら各頂点は一点 P に集まるから」と言う解答を示した. 例によって「どうして」と聞くと「∠EAF, ∠FBD, ∠DCE を足すと 360 度になるから」と答えるだけであった. まだ怪訝な顔をしていると, 山本君の方は先生アホと違うかという顔をする. 他の学生が「二つ折り曲げて残りが合同になることを言えばよろしい」と言ってくれたので, 自分なりに納得できたことがある. 自分なりに納得出来た解答とは△EAF と△FBD を折り曲げて△EPF と△FBD を作ると, △DCE は△DPE と合同になる. すると∠FDE は∠BDC の半分だから 60 度, 同様に∠DEF や∠EFD ともに 60 度であることがいえ, △DEF は正三角形であることが分かるというものである. 山本君は折り紙が得意であったかどうか知らないが, 折り紙が得意な人にはこのような直観が働く人がいるように思われる. 例えば「右図のような正方形 ABCD がある. BC 上に点 E を取り∠BAE = 20°とする. また CD 上に点 F を取り∠DAF = 25°としたとき, ∠AEF 及び∠AFE はいくらか」と言う問題に対し, 折り紙の得意な人は瞬時に AE で△AEB を折り曲げると B は EF 上に来るから∠

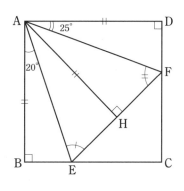

AEF は∠AEB に等しく 70°であることが解ると答えた. 証明は AE で△AEB を折り曲げたとき, B が点 H にきたとすると, ∠EAF は 45°だから∠FAH は 25°となり, △ADF は△AHF と合同になる. したがって, ∠AEF は 70°で, ∠AFE は 65°と解るというものであるが, 瞬

時に解るところがすごい．このような直観性は余分な数学的知識を持たない子供の方が持っていることが多いように思われる．数学教育の中でも直観性を失わせないように，それを大切に育ててゆきたいものである．

実用の学として生まれた和算

　ここで文化史的観点から和算について少し述べておきたい．室町から織豊の時代に至るまでの間，中国からそろばんを学び，日本独自の大津そろばんが製作されるようになる．戦国時代にはあちこちに城下町が建設され商業が盛んになってきたし，土木建築も必要になってきた．ポルトガル人により鉄砲が伝えられ，日本人の手によって鉄砲まで製作されるようになり，堺の商人たちは海外との貿易で巨万の富を築いたのである．つまり近代的社会が形成されはじめていたのである．一方豊臣秀吉による太閤検地は土地測量の技術を大きく発展させたものと思われる．京を中心とした上方の町人たちは，ひしひしと数学の必要性を感じ始めていたに違いない．一つには商売の必要性から，また政府が取り立てる税金対策として，土地測量や石高の計算にも関心をもってきたであろう．このようにして，江戸時代の日本の数学・和算は上方の町人たちを中心として実用の学として誕生したのである．まずは西宮出身で京都で活躍した毛利重能[17]が『割算書』[18]を著し，京都もしくは大坂出身で佐渡で活躍した百川治兵衛[19]の『諸勘分物』[20]，さらに京都出身の吉田光

---

[17] 19 ページ 注 37 参照．

[18] 19 ページ 注 38 参照．

[19] 百川 治兵衛（1580 頃～1638 頃）．佐渡に住まう算師．経歴不明．

[20] 百川 治兵衛『諸勘分物』，二巻のうち第一巻は失われ，第二巻のみ現存する．

6. 今，なぜ和算なのか —直観性を失わせない教育—

由による『塵劫記』，八尾出身で磐城平藩で活躍した今村知商[21]の『竪亥録』[22]などなど，17世紀中頃まですべて上方中心の和算家によってそろばんを学ぶための書として編まれている．（全員が町人であったとはいえないが，毛利は池田輝政のち豊臣秀吉に仕えたがのち浪人となり，京都で塾を開いた．百川や吉田は士族ではない．特に吉田は富豪角倉家の一族である．今村は堺から八尾に流れて来た一族らしく，おそらく町人であろうが，数学の才を買われて平藩士となっている．）このようにして和算は上方を中心とした町人の実用の学として出発した．幕府が江戸に誕生してからも，しばらくは京を中心とした上方が文化の中心であった．それがいつ頃から江戸中心になったかははっきりしないが，幕臣であった関孝和と同じく幕臣の弟子建部賢弘[23]，孫弟子で磐城平藩士の松永良弼[24]らによるところが大きいことは間違いない．関と同時代，上方にも田中由真[25]，井関知辰[26]ら有能な数学者がいたけれども，建部や松永のような有能な後継者を持たなかったことが決定的な違いであろう．もちろん江戸の和算家たちは士族で，一応生活が安定していたことにも原因があるだろうし，参勤交代制で地方の藩士が江戸に来て，江戸文化を吸収しては地方に帰ってゆくという江戸中心の文化の形成とともに，平安時代以降続いた上方中心から江戸中心へと移っていったと考えられる．和算や和算書を含めた出版業もその例外ではなかった．

---

[21] 今村知商（？〜1668）．毛利重能門人．

[22] 今村知商『竪亥録』．『塵劫記』と並ぶ和算初期の代表的算書．一種の公式集．『塵劫記』が仮名まじり文であるのに対して，竪亥録は漢文で書かれている．

[23] 21ページ 注48 参照．

[24] 21ページ 注50 参照．

[25] 田中由真（1651〜1719）．京都の住人．橋本吉隆の門人で独創的な研究家．

[26] 井関知辰（生没年不祥）．嶋田尚政の門弟．行列式を記した世界最初の刊本といわれる『算法発揮』の著者．

日本独自の数学文化

　吉田光由は『新編塵劫記』(小型本 1641) に好み (オープン・プロブレム) として, 解答をつけていない問題つまり遺題を巻末に 12 題提出した. 以降この遺題を解いた本を著し, 自らもその本の末尾に遺題を残す**遺題継承**の風習が始まった. この風習が始まると数学研究が急速に深まると同時に実用的傾向は次第に弱くなってゆき, 数学のための問題, 問題のための問題へと移ってゆく. このことが理論としての発展にもなってゆくが, 数学としても全く意味を持たない, 無用の無用として非難されるような数学の形成にもつながってゆくのである. この伝統は石黒信由[27]『算学鈎致』[28] (1819) までおよそ 200 年間続いた.

　もう一つ日本独自の数学文化として**算額**がある. 苦心して解いた数学の問題を神社仏閣に額として掲げて神に感謝したと言われる. 果たしてこれだけが掲額の目的だったのだろうか. 本として出版する手段を持たなかった地方の和算家たちにとって, 手軽に自分たちの研究成果を発表出来る掲額は, 便利な発表手段でもあっただろうし, 魅力ある方法であったと思われる. このことが和算を日本全土に広める原動力にもなったと考えられる. 反面, 和算における派閥競争に火をつける面も出てきたのである. 和算のギルド性が排他的に表れ, 他の派閥を非難攻撃する場として算額を利用した. その非難も本質的な批判ならよいのだが, 枝葉末節な言葉尻を捕まえるような泥仕合をするようなものもあって, 見苦しい限りである. また, 12 歳や 13 歳の少年・少女の掲額もあって, 本当にその子が解いたのかどうか疑わしいものもある. さらに名前だけ

---

[27] 石黒信由 (1760〜1836). 越中射水郡の人. 富山の中田高寛の門人. 著作は多く, 130 点を超える.

[28] 石黒信由『算学鈎致』,『算法天元樵談集』『下学算法』『中学算法』『竿頭算法』『開承算法』『闡微算法』の遺題を解く.

を列記した算額もあって,金集めのために弟子たちを動員したと思われる算額もあり,掲額が江戸文化のよい面ばかりを表しているとは言えない側面も見えてくる.そのためか金沢の滝川有父は弟子たちに奉額を禁止している.また明治維新において倒幕派であった薩長土肥には算額がほとんど見られないのも一つの特徴であろう.三上義夫[29]は「幕末に雄飛した薩長土肥四藩に娯楽を主とした和算の発達しなかったのは,けだし注意に値する.和算は実利的精神の勝った土地には栄えずして,理想的精神の流れているところにのみ起ったらしい.」また安藤洋美は「さらに数学は文化の一形態と考えれば,算額の有無は地域の文化水準の判定の目安になる.とすれば,西南雄藩(薩摩・長州・土佐)はあまり文化のレベルは高くなく,反対に奥羽越列藩は文化のレベルが高いと言えなくもない」と述べている.これらの文章を読んで,本当かなというのが実感であった.薩長土肥が理想的精神に欠け,奥羽越の方が文化レベルが高いという主張には承服しかねる.むしろ,算額を多く掲げた地域の人たちこそ保守的で,洋学を学ぶことに対して消極的であったのではなかろうか.さらに,関流と他派(最上流・中西流・宅間流・宮城流など)が混在していた地域に算額が多いことは,競争心など人間臭い欲望に左右されていたことを暗示しているのではなかろうか.

ギルド性と芸事性

和算の文化的特徴として,遺題継承,算額奉納以外のものとして,**派閥**つまり**ギルド性**を上げることが出来るだろう.知識・技能は社会全体が共有すべきものという認識がなくて,秘伝として伝授された.そのためその秘密を外の漏らした者はその派閥から破門された.したがって派閥内での結束が重んじられ,他派への競争心も強くなったのである.

---

[29] 三上義夫(1875〜1950).数学史家.

特に関流と最上流との抗争には熾烈なものがあった．互いに刺激をしあって，和算を発展させる一つの原因を作った部分もあったかもしれないが，このギルド性は和算の大きな欠点といわれるべきものであった．派閥に超然とした本多利明は「人の為になるべき事は，秘密などとて，免許印可の巻に載せ，一子相伝などとて，深秘する国風は，浅はかなる次第ならずや」と述べている．もう一つの特徴として和算の芸事性を指摘しておくことができるだろう．和算はもともと実用性の中から生れたけれども，次第に実用から離れ，単なる趣味・道楽として発展した．碁や将棋，お茶やお花と同じ感覚で和算を学び，より上の免許を取ることを生きがいとして学習したのである．発表された著作中の図や掲げられた算額の中には芸術作品といってもよいようなものもあり，和算は数学というよりも，遊びであり，芸事であった．

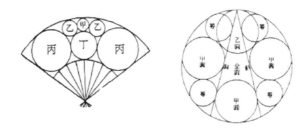

例えば上の左図は 19 世紀前半の『五明算法』[30]に出ているものであり，右図は 19 世紀中頃，富山県南砺市の宇佐八幡宮に奉額されたものである．（現物は判読が難しいため復元されている．）算額の中には彩色が施されていて，美しいものも数多くある．出版されたものも，きれいな図版として仕上がっており，印刷技術としてもレベルの高いものであったことが知られる．特に『塵劫記』には日本で最初の色刷り本とし

---

[30] 家崎善之『五明算法』．前集 (1814) と後集 (1826) がある．前集は扇に関する問題 50 問とその解答．

て出版されたものもあるということである．しかしながら，日常世界（ケの世界）の中の必要性から生れた和算も，道楽としてハレの世界で遊ぶだけに終始し，日常世界へのフィードバックすることをしなかったがために，それ以上の発展はなかったのである．主たる和算の担い手であった幕臣や地方の藩士たちにしても，ヨーロッパの数学者のように数学のプロとはいえなかった．なぜなら，藩士たちは藩の経理を担当したり，藩の土地測量をしたりすることで給料をもらってはいたが，自分の趣味である和算研究とは全く別のもの，レベルの低いものと言う意識が強かったように思われる．士族以外の農工商に携わる人たちも，生活のために和算を勉強したのではない．隠居してから和算を研究し，塾を経営しながら道楽として和算を楽しんだのである．面白いのは遊歴算家の存在である．これはあたかも俳人芭蕉のように全国を遊びまわり，地方の和算愛好家たちに数学を教えて回ったのである．

和算の蹉跌

　和算で取り扱われる平面図形はほとんどが，線分または円弧で囲まれたものであって，せいぜい円を一方向に拡大縮小した楕円（側円）が扱われる程度であった．江戸末期になってヨーロッパの影響もうけてサイクロイドや懸垂線も扱われるようにはなってきたが…．立体図形にしても平面や球で囲まれたものや，平面で扱われる図形の回転体が中心であった．しかもそこで取り扱われる問題はこれら図形をお互いに接触するように容れる容術問題がほとんどで，長さや面積，体積を求める求積問題であった．考察の方法も与えられた長さや面積，体積などから，未知の長さや面積，体積との関係式を求めて，未知数を求める方式であった．そのため未知数の個数を減らす技術（消去法）が開発されたのである．ヨーロッパの数学との違いとして，論理性の欠如以外にも角度概念，実数概念，連続性概念，変数概念，関数概念がなかったことを指

摘することができよう．しかし決定的なのは，デカルト的方法が開発されなかったことである．つまり点を座標として表し，直線や曲線などを座標間の関係式として捕まえられなかったため，幾何学を数式として表現することが出来なかった．また時間をパラメータとして捕まえられなかったことも，自然科学を数学の対象に出来なかった最大の原因であろう．

明治維新がもう 10 年遅れていたら，その後の和算に進展はあったのだろうか．私見によれば和算の最高峰は 18 世紀後半の安島直円[31] であって，それ以降では和田寧[32] と法道寺善[33] がいる位である．法道寺にしても明治維新の頃には亡くなっており，維新当時和算家の中にはもはや目ぼしい人はいなかったので，仮に維新が 10 年遅れていたとしても，和算にとって目新しい進展は期待できない状態にあった．逆にヨーロッパのほうはリーマン[34]，デデキント[35]，クライン[36]，カントール[37]，ポアンカレ[38] ら錚々たる数学者を排出していて，数学が飛躍的に進展した時期で

---

[31] 22 ページ 注 51 参照.

[32] 22 ページ 注 52 参照.

[33] 22 ページ 注 53 参照.

[34] リーマン，ゲオルク（1826-1866）．ドイツの数学者．『幾何学の基礎にある仮説について』（1854）がその後の数学に与えた影響は大きい．リーマン幾何学や，リーマン面上での代数関数の理論を創りあげた．また，リーマン予想，リーマン多様体，リーマン積分などがある．

[35] デデキント，ユリウス（1831-1916）ドイツの数学者．『連続性と無理数』（1872）を著し，有理数の切断にもとづくデデキントの実数論，デデキントの連続性公理を提起した．現代代数学における体，環，イデアル，束などの原型を与え，無限集合と写像にもとづく自然数論を構成した．

[36] クライン，フェリクス（1849-1925）．ドイツの数学者．『エルランゲン・プログラム』（1872）において群論を基礎に幾何学を統一的に把握する構想を発表し，その後の数学に影響を与えた．クライン群，クラインの壺などクラインの名を残すものは多い．数学史および数学教育でも功績を残している．

[37] 15 ページ 注 14 参照.

[38] 80 ページ 注 22 参照.

あった．もし 10 年遅れていたら，この新しい数学を学ぶのに 10 以上苦労したと考えられるし，高木貞治[39]にしてもヒルベルト[40]には学べなかったと思われる．そういう意味では，まあまあよい時期に和算から洋算に切り替えたということができるだろう．

今，なぜ和算なのか

最後に「今，なぜ和算なのか」を総括しておこう．文化史的にいえば，和算は遺題継承とか算額奉納や芸事としての数学などという独自のものをもっていて，良しきにせよ悪しきにもせよ，世界史的にも珍しい文化形態であったと言えるだろう．また，和算のギルド的派閥としての特徴も，よその世界にもあるとはいえ興味深い一つの形態であったと言えよう．また和算は町人を中心とした上方で発生し，士族を中心とした江戸で発達したことも文化史的には面白いことではないだろうか．教育史的にみると，寺子屋制度は子供たちの個性を重んじた体得的開発的な学習形態であって，現代の数学教育にも活用できる側面を持っている．ただ，日本での数学教育史を見ると，このような開発的な学習を重んじた時代は，いつも子供たちの学力が低下するという著しい傾向をもっていて，これをカバーしてやる必要がある．そのためには，子供たちの知的好奇心を刺激して，やる気を起こさせることが大切である．そこで今目の前にいる子供たちの興味と能力に応じた，教師自らによる教材開発が重要となってくる．しかも，知識を上から教え込む方式ではないため，決して効率は良いものとは言えないので，どうしても時間を十分かけてやらなくてはならない．子供たちが，自らの力でゴールにたど

---

[39] 高木貞治（1875-1960）．日本の数学者．相対アーベル体は類体であるという基本定理を証明し，分解定理や存在定理も得て，類体論を完成させた．『初等整数論講義』(1931)，『解析概論』(1938)，『代数的整数論』(1948)，『近世数学史談』(1952) などの名著を残した．
[40] 29 ページ 注 13 参照．

り着けるよう，一人ひとりに適切な助言をしてやり，十分に待ってやることが必要である．

江戸時代の和算家系譜

江戸時代の和算家系譜1： Ⓐ関主流、Ⓐ#関流建部派、ⓐ毛利系列、ⓐ#百川流亀井算

ⓐ#百川流

百川治兵衛。──(村瀬義益)ⓐ──(百川一筭)──亀井津平

亀井算↓

Ⓐ関主流、Ⓐ#関流建部派

今村知商◎ ── 平賀保秀。
島田貞継。── 隅田江雲 ── 村松茂清。── 片岡豊忠◎ ── 建部俊正◇ ┄┄ 髙橋栄蔵◇
           ── 佐藤正興◎ ── 樋口兼次◎ ── 足立直宣△
           ── 池田昌意◎ ── 堀秀友 ── 大脇茂春△
                        ── 湯浅得之△ ── 加藤照成△ ── 岩間重興*
                        ── 堀田吉成◎ ── 榎木章清* ┐
                        └(渋川春海)Ⓜ ── 加藤宇甫   ├ 斎藤元章◎
                        └(中西正好)ⓑ ── 眞木新六   └ 中村源次。
                                    ── 斎藤信芳
                                    ── 加藤門則*
                                    ── 吉川総助* ── 稲津長豊◎
                                    ── 広江永貞*
                                    ── 土屋信篤*
                                    ── 清水政英△
                                    ── 吉田為幸◎
                                    ── 秋野政黄。
                                    ── 松永直英*
                                    ── 安達光章◎
                                    ── 松井久德。
                                    ── 川井久德*
                                    ── 長谷川寛Ⓜ
                                    ── 和田寧Ⓛ
                                    ── 松永貞辰。── 松永貞義。

ⓐ毛利系列

毛利重能。── 髙原吉種 ── 吉田光由◎ ── 久田玄哲△ ── 竹田走直。△ ── 葛谷実順◎ ── 山本格安◎ ── 西塚重勝
                  ── 磯村吉德◎ ── 横川玄悦。 ── 土師道雲△ ── 星野実宣◎ ── 西尾菅宣◎ ── 渡辺老寄
                  ── 内藤治兵衛 ── 初坂重春◎ ── 髙畠敬德△ ── 井手伊房△ ── 福山義敏◎
                              ── 村瀬義益。 ── 中西正好◎ⓑ
                              ── 中沢亦助。 ── 大髙由昌△ ── 北川孟虎◎ ── (水野政和)Ⓘ ── (丸山良玄)Ⓘ
                              ── 三宅賢隆◎ ── (青山利永) ── 梅村玄甫。
                                          ── 青木利求。 ── 永田敏員。
                                          ── 田中市之進 ── 松永貞辰◎ ── 谷松茂◎
                                                     ── 坂部広胖。
                                          ── 内藤政樹

尾張↓

江戸時代の和算家系譜1：続き

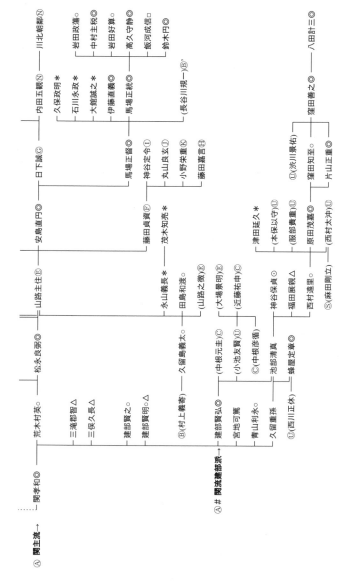

氏名の後の◯印は著書あり、◎印は著書複数、○印は遺題継承、□印は入門書・教科書、◇印は珠算書、△印は翻訳、▽印出版家または序文・跋文などを書いた人、＊印は算額を奉納した人を指す。

江戸時代の和算家系譜2： Ⓐ'関流小系列、 Ⓐ''関流個別算家

Ⓐ' 関流小系列

市岡忠智◎ ─ 市岡忠寛○
伊藤陳久
森田豊仙 ─ 片桐嘉保◎ ─ 四条清延
渡辺官蔵
齋藤土吉＊ ─ 石原監宣＊
　　　　　├ 梅原長善＊
　　　　　├ 岡野清之＊
　　　　　└ 本間資忠
石富法 ─ 鈴木俊直
　　　　石川維德◎ ─ 細田恭文＊
　　　　　　　　　├ 伊藤守一◎
　　　　　　　　　├ 石川栄重＊
　　　　　　　　　└ 岩崎博秋◎
中沢貞富 ─ 矢島敏發 ─ 中原政安◎ ─ 中原雅太郎。
　　　　　矢島敏彦◎ ─ 瀬戸尚芳
寺井正道 ─ 岩田清謹＊
齋藤保定 ─ 飯島保長。─ 飯島保信＊
　　　　　　　　　　├ 後藤保信＊
　　　　　　　　　　└ 田中左政＊

Ⓐ'' 関流個別算家

藤葉軒数重＊ ─ 菊池長太郎＊
　　　　　　├ 熊谷又吉＊
　　　　　　├ 高橋万治＊
　　　　　　└ 高橋峯蔵＊
松枝葴斎◎＊ ─ 小林勝栄＊ ─ 秋池隆治郎＊
　　　　　　　　　　　　├ 大沢梅二郎＊
　　　　　　　　　　　　└ 夏目貞定。
　　　　　　├ 茂木柳齋＊ ─ 大塚福春＊
　　　　　　　　　　　　├ 中島春信＊
　　　　　　　　　　　　└ 長島栄信＊
　　　　　　├ 岡戸数斎＊ ─ 荒井右膳＊ ─ 青木忠吉＊
　　　　　　└ 島田円周＊
戸田髙常＊ ─ 戸田髙次＊
宮本一利 ─ 戸田利爲◎
松本貞茂◎ ─ 佐藤親信＊
小野寺秀元 ─ 岩渕藤岱＊
　　　　　├ 岩渕秀章＊
　　　　　├ 岩渕充義＊
　　　　　├ 菊池清春＊
　　　　　└ 千葉胤充＊

江戸時代の和算家系譜2：続き

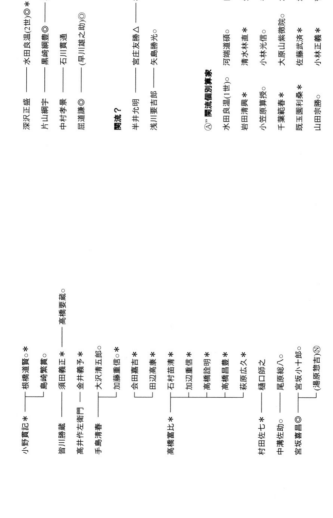

小野貫記＊ ─┬─ 根橋道賓○＊
　　　　　└─ 鳥崎紫賛○。

菅川勝蔵 ─── 須田義正＊ ─── 高橋要蔵。

髙井作左衛門 ─── 金井義子。

手島清春 ─── 大沢清五郎。
　　　　　├─ 加藤重信○
　　　　　├─ 会田嘉吉＊
　　　　　└─ 田辺高康＊

髙橋當比＊ ─┬─ 石村苗清
　　　　　├─ 加辺重信＊
　　　　　├─ 髙橋詮明＊
　　　　　├─ 髙橋昌豊＊
　　　　　└─ 萩原広久＊

村田佐七＊ ─── 樋口師之

中溝範昌。 ─── 尾原総八

宮坂喜昌◎ ─── 宮坂小十郎。
　　　　　　（湯原惣吉）Ⓝ

深沢正盛 ─── 水田良温(2世)◎＊
片山綱宇 ─── 黒崎綱豊◎ ─── 黒崎信□▽
中村孝景 ─── 石川貫通
屈道謙◎ ─── （早川雄之助）◎

関流？

半井允明 ─── 宮庄友勝△ ─── 福島義三郎。
浅川要吉郎 ─── 矢島勝光。

Ⓐ"関流個別算家

水田良温(1世)。　河端道頃。　田村豊矩△
岩田清興＊　清水林直＊　金島秀水。
小笠原算授。　小林光信。　千葉常正＊
千葉範春＊　大原山紫徽院。　木村宗近＊
既王園利桑＊　佐藤武済＊　坂井重正
山田宗勝。　小林正義＊　菅原実良＊

江戸時代の和算家系譜3： Ⓑ中西流、 Ⓑ'同小系列、 Ⓑ"同個別算家、 Ⓒ関流中根派、 Ⓒ'同小系列、 Ⓓ三池流

Ⓑ 中西流

中西正好⊙ ─ (鳥田尚政)Ⓟ ─ 松田信好○ ─ 相沢定常 ─ 江志知辰 ─ 井上嘉林○
　　　　　　中西正則◎
仙台→

山田忠与 ─ 長谷川忠智○ ─ 荻原時章 ─ 青木長由 ─ 千葉義太夫 ─ (佐藤長楨)Ⓟ ─ 伊藤利薄
　　　　　　山岸伝四郎◎ ─ 青山都通 ─ 岩崎秋房＊ ─ 岸浪道房＊
　　　　　　　　　　　　　　　　　　　(戸板保佑)Ⓔ ─ 黒須利庸
摂磨→　　　　　　　　　　　　　　　　飯沢高亮 ─ 志村信懸◎ ─ 佐々木清△
徳積与信⊙ ─ 鈴木直賢 ─ 鈴木直好◎ ─ 青田依定 ─ (船山輔之)Ⓔ ─ 武田保勝◎ ─ 国分高敬△
村上義斉 ─ (久留島義太郎)Ⓐ ─ 中塚利為 ─ 藤広則◎ ─ 早井次賢◎ ─ 国分高広
入江応忠◎ ─ (安島直円)Ⓐ ─ 白石信兼○ ─ 加茂義明◎
　　　　　　　　　　　　　　　　　　　　　　 退藤右門
渋谷知礼＊ ─ 渡辺直＊
宮坂平内 ─ 塚原十郎右衛門
青坂昌暮◎
八木房信 ─ 清野信奥＊

Ⓓ 三池流北陸↓

Ⓒ 関流中根派

前田憲舒⊙ ─ (林正延)Ⓤ ─ 大島喜侍◎ ─ 入江修敬◎ ─ 三池市兵衛 ─ 山本彦四郎 ─ 西永広林。
　　　　　　(拝村正長)Ⓤ ─ 篠本守典△ ─ 井手孝典△
　　　　　　中村安清△ ─ 川本忌臣△
　　　　　　武田済美◎ ─ 上館呂承△
　　　　　　千葉桃三。 ─ 平章子。
　　　　　　(井上矩慶)Ⓤ
平野庸修 ─ 吉村光高。 ─ 吉田峰修。 ─ 串原正峯。
　　　　　　吉田南長＊ ─ 永井正峯＊
　　　　　　(会田安明)◎ ─ 高常姑＊

有松正信 ─ 松本蠹栄丸 ─ 大野安斉 ─ 大野橘園
　　　　　　　　　　　　　　　　　　　　　　 滝川友直
佐藤正次＊ ─ 石黒義信 ─ 石黒信由Ⓟ ─ 滝川有乂◎
長谷川正雄＊ ─ 宮井安奈 ─ 米山専造
馬渕文郎◎ ─ 寺尾克灼 ─ 徳用順二郎◇
村松秀允 ─ 下村幹方◎ ─ 宮井光同。 ─ 三好質信 ─ 石田古南◇
笹塚有義 ─ 村田則重。
今村礼成△ ─ 猪垣成之
柴野美啓。

松木清重 ─ 石田義信＊

126

江戸時代の和算家系譜3：続き

```
                                                                    ─(村田光瑳)Ⓣ
                        ─(蜂屋定章)Ⓐ     ─ (西尾喜宣)Ⓐ
                        ─幸田親盈◎ ──千葉歳胤◎ ──荒井為以○   ─(最上徳内)Ⓣ
                        ─(入江修敬)Ⓒ          ─今井兼庭◎ ──本多利明◎ ──斎藤正順
                                                                    ─(坂部広胖)Ⓐ
Ⓐ, Ⓖより                                                              ─(日下誠)Ⓖ
中根元圭◎──中根彦循◎ ──村井中漸○ ──長野正庸                                ─(大原利明)Ⓣ
                   ─(山路主住)Ⓔ   ─(平山千里)Ⓒ ──小沢正容Ⓣ
                   ─(田中大観)Ⓟ ──安島祐之○                              ─(市野茂篤)Ⓢ
                   ─Ⓐ(小池友賢)──近藤祐申 ──伊佐政冨＊
                                                                    ─関五竜
                                                                    ─宇野保定
                              ─源元寛○
                                                                    ─(馬場正督)Ⓐ
                   ─Ⓣ(若杉千十郎)＝平山千里                                ─山岡絞安△
                                                                    ─(河野通熈)Ⓣ
                                            ─中野続従◎ ──近藤信行○
                              ─大橋宅数◎ ──和田耕蔵  ─北村大作＊
                              ─吉田江沢＊   ─谷川豊政＊
                              ─榎浄寿△     ─長谷川嘉政＊
```

Ⓑ′ 中西流小系列
```
                                                          ─別府盛重＊ ──児玉軌之＊
                    ─黒井忠斉  ──弓削徳和                    ─髙地重栄＊
                    ─植田粲髙 ──田中政信◎ ──大塚務髙
        播磨→
                                           ─椿左内＊
                    ─須賀沢文俊              ─石橋規天     ──石橋規満
        房総→
                    ─Ⓐ(馬場正督) ──長谷川規──◎──藤崎嘉左衛門◎
                    ─Ⓝ(内田五觀) ──(隋朝陳)⊗           ──成毛正賢□
                    ─山家善房              ──小林直清。   ──小林和直
                    ─Ⓟ(小林紀道)                       ─Ⓑ(藤田嘉言)  ─(吉川近徳)Ⓣ
                    ─逸見満清             ──岡崎安之    ─(会田安明)◎
```

Ⓑ″ 中西流個別算家
```
                    ─野村政茂◎           ──伊藤祐言     ──髙橋定次
                    ─荒井幽容＊           ──大西正重     ──荒井英三郎＊
```

Ⓒ′ 中根派小系列
```
                    ─中島敬軸            ──今梁弥吉＊
```

127

江戸時代の和算家系譜4： Ⓔ関主流三伝山路主住、ⓔ至誠賛化流、ⓔ'同小系列

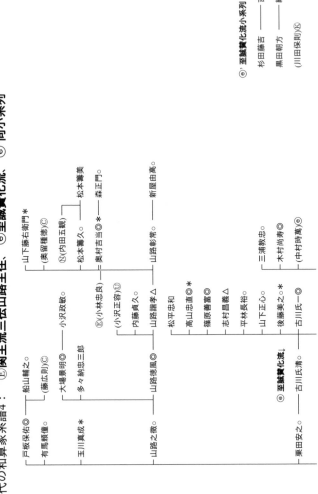

128

江戸時代の和算家系譜4：続き

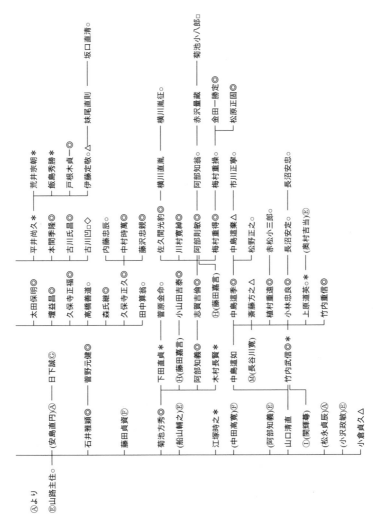

129

江戸時代の和算家系譜5： ⒡関流四伝藤田貞資、 ⒡'同小系列、 ⒡"同その他の弟子

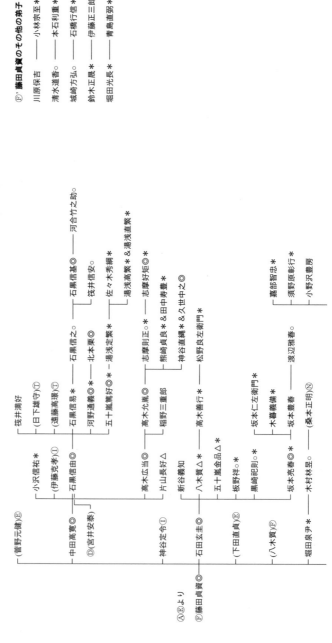

⒡"藤田貞資のその他の弟子

川原保吉 ────── 小林崇至＊＆仲木右仲＊
清水道香○ ────── 本石利重＊
城崎方弘 ────── 石楠行信
鈴木正晟＊ ────── 伊藤正三郎＊
堀田光長＊ ────── 青島直弼＊

130

江戸時代の和算家系譜5：続き

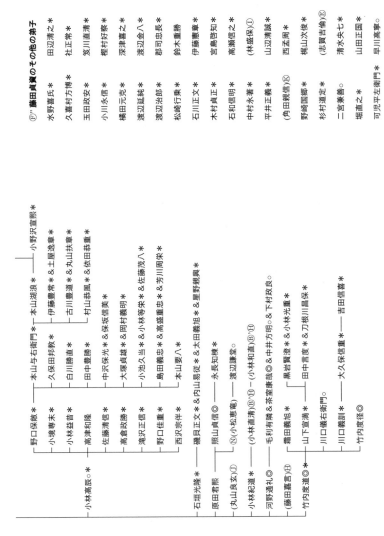

江戸時代の和算家系譜6： ⓖ関主流五伝日下誠、ⓗ関流傍系五伝藤田嘉言

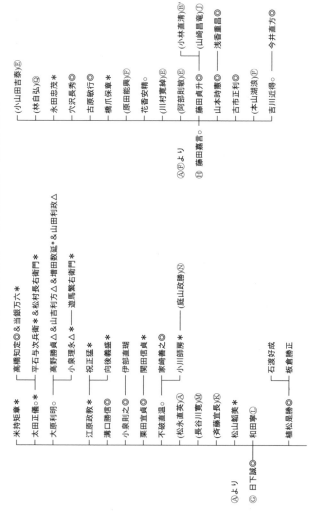

江戸時代の和算家系譜6：続き

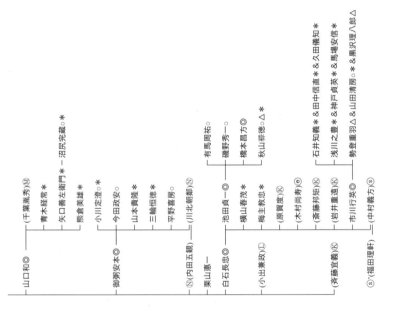

133

江戸時代の和算家系譜7： ①関傍系五伝神谷定令、J関傍系五伝丸山良玄

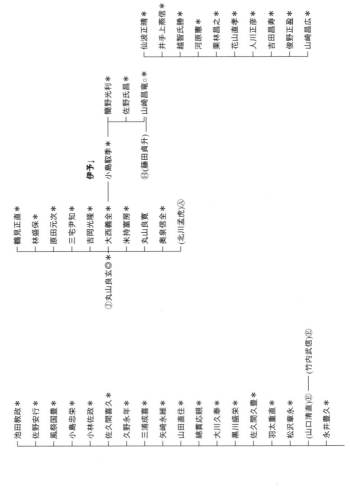

江戸時代の和算家系譜7: 続き

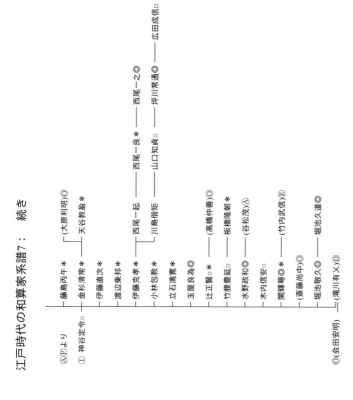

江戸時代の和算家系譜8： Ⓚ関傍系五伝小野栄重、Ⓛ関流六伝和田寧、Ⓛ井関真流

```
角田親信＊
├(小泉則之)Ⓖ
├高山光重。
├代島亮長◎＊
├鈴木福寿＊
├増尾良恭＊
│ └納見古武◎
├丸橋祐政◎＊
│ └丸山佐平＊
│    └稲村八郎右衛門◎
│       └(市川行英)Ⓖ
│          ├高橋簡斎＊&田口延親＊
│          ├井田其治＊
│          ├柳沢伊寿△＊
│          ├町田清格
│          └(彦坂範善)Ⓛ
Ⓐ(F)より
Ⓚ小野栄重。
├斎藤宣義◎＊
│  ├荒牧豊行＊
│  ├徳江喬義＋
│  ├徳江喬剰＊
│  ├猪野政数＊
│  ├安原千方△＊
│  │ └(阿佐美宣喜)Ⓚ
│  └(富田義芳)Ⓚ
├大竹文礼。
│  └斉藤豊作
│     └富田鶴芳△
└原賀度◎＊

Ⓚ関傍系五伝小野栄重。
  ├牛島盛庸。
  │  └(川井久徳)Ⓐ
  │     └伊藤保喬。
  │        └牛島頼忠。
  ├(小泉則之)Ⓖ
  ├(不破直温)Ⓙ
  ├(池部長十郎)Ⓣ
  ├(斉藤宣長)Ⓚ
  ├(松山鞆美)Ⓖ
  ├(武田真元)Ⓢ
  ├志野知郷◎
  │  └石井持善＊
  ├有賀通音＊
  │  └杉田直孟
  ├奥山直祗＊
  ├川辺廉長
  ├(御粥系本)Ⓖ
  ├飯塚義次＊
  ├栗山憲一)Ⓖ
  ├久保好覚＊
  ├(白石長忠)Ⓖ
  ├桜沢英秀
  ├高橋産敬
  ├Ⓛ井関真流
  │  ├小池庸達
  │  │  └築山久徹＊
  │  │     └原田鶴栄
  │  │        └三橋保貞＊
  │  └Ⓡ(悟川徳高)
  │     └山本樞齋◎△
  ├山田光重
  ├(斎廉豊作)
  ├小野栄光
  └和田隷算。
```

江戸時代の和算家系譜8：続き

- 彦坂範善◎＊
  - （福田理軒)⑤
- 小出光教◎ ── 小出寿之太△
  - 阿部惟一△
- 阿部有清◎ ── 岩谷光煕。
  - 伊勢様持。
- 大村一秀 ── 藤川春竜◎
- 遠藤利貞◎
- 細井寧利◎

- 小出兼政◎
- 馬場正紘Ⓐ
- 細井寧雄。──┬（彦坂範善）Ⓛ
              ├（内田五観)Ⓝ
              ├（秋田義一)Ⓜ
              ├（福田理軒)⑤
              └（斎藤宜義)Ⓚ

ⒶⒼより
Ⓛ和田寧。

- 中曽根宗邡。──┬小島喜伝次△
                ├中曽根邡規＊
                ├久保庭条松△
                └中曽根連蔵
- 萩原信芳
- 阿佐美喜善△
- 船津正武。▽
- （石黒信重)Ⓕ
- 岸充豊◎ ── 須田由親△

- 剣持章行◎ ──┬金井綱共
              ├川田保則
              └（戸根木貞一)ⓔ
- 松本賀慶。 ── 明野栄章
- 斎藤邦矩＊ ──┬山口宣信。
              ├桜井節義△
              ├田中為政。
              ├小見之矩＊
              └桜井豊邑＊

- 岩井重遠◎＊ ──┬山口重信＊
                ├岩井重賢△
                └岩井宇。
- 曽原祐政＊ ── 岩井雅重◎
- （小野栄光)Ⓚ
- （明野栄章)Ⓚ
- （岸充豊)Ⓚ

江戸時代の和算家系譜9： Ⓜ関流六伝長谷川寛、 Ⓜ関流八伝長谷川弘、 Ⓜ#関流八伝菊池長良

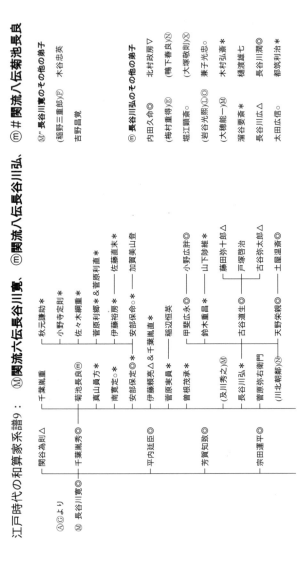

江戸時代の和算家系譜9：続き

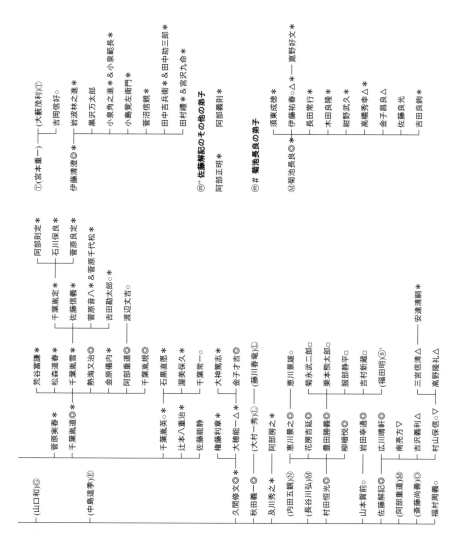

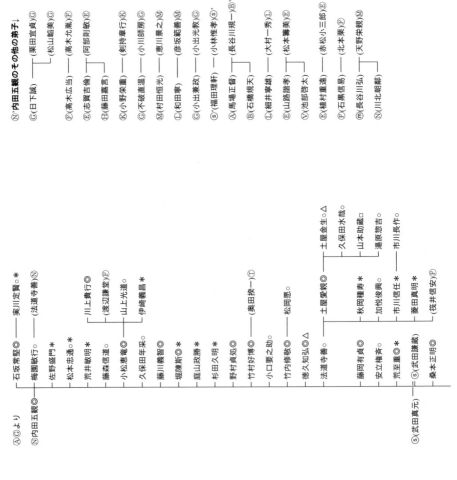

江戸時代の和算家系譜10：続き

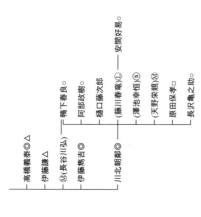

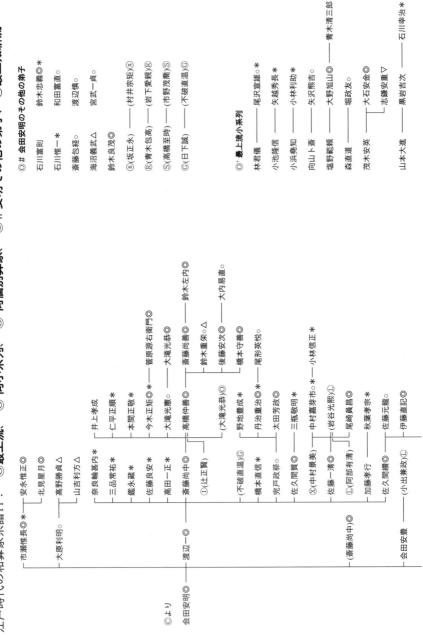

江戸時代の和算家系譜11：続き

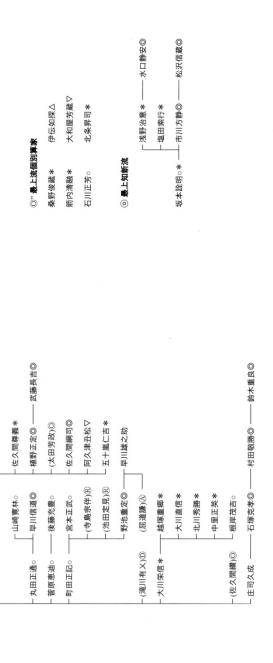

◎″最上流個別算家
桑野俊蔵＊
伊伝如探△
箭内清融＊
大和屋芳蔵▽
石川正芳◎
北条昇司＊

◎ 最上知新流
坂本荃明＊
浅野治意＊ ── 水口静安◎
　　　└ 塩田楽行＊
　　　　└ 市川方静◎ ── 松沢信蔵◎

江戸時代の和算家系譜12： Ⓟ橋本大明流、Ⓠ宅間流、Ⓠ'同小系列、Ⓡ宮城流、Ⓡ'同小系列

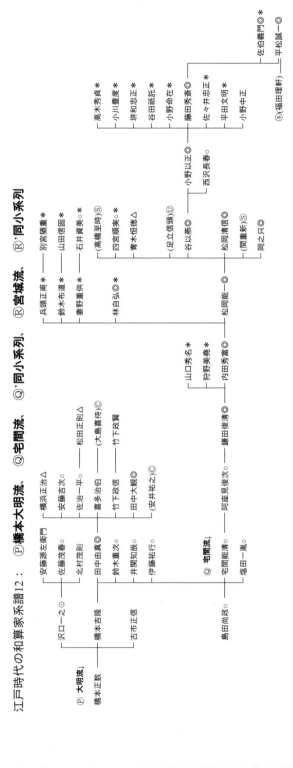

江戸時代の和算家系譜12：続き

⑧ 宮城流

宮城清行○ ┬ 大橋宅清○△
　　　　　├ 持永豊次△
Ⓟ(島田尚政) ═ (伊藤祐行)Ⓟ
　　　　　├ 井尻清次△
　　　　　├ 佐野利有△
　　　　　├ (宅間能清)Ⓠ
　　　　　└ 湯浅和兌△

傳承→ 宮本正之 ┬ 北沢治正 ─ 赤田百久◎ ┬ 村沢布髙○ ─ 堀内宣遊
　　　　　　　└ 入浦昌◎ 　　　　　　 ├ 山田莉右○* ─ 穂刈久重◎ ─ 穂刈忠人○。
　　　　　　　　　　　　　　　　　　 └ 北沢泰実□

鵜飼重之△ ─ 青木包髙○ ┬ 渋谷道熙
　　　　　◎(会田安明) ┬ 岩下愛親*＆岩下永貞＊＆大井勝虎
　　　　　Ⓟ(藤田貞資)═(小林髙辰)Ⓕ ├ 大久保広房＊＆岩下邦松＊＆塚田忠妬
　　　　　　　　　　　　　　　　　 └ 宮本茂房＊＆村田勝光＊＆矢島溝至

大保長清△ ─ 寺島陳玄* ┬ 加藤五乾＊＆小林重賢＊
　　　　　　　　　　　 ├ 戸谷重季＊＆戸谷貞隣＊
　　　　　◎(町田正記) ─ 池田定見○。
　　　　　　　　　　　 └ 戸谷縞充＊＆宮下伝仲＊

土橋勝政△ ─ 中村盛憲

中川昌葉△ ─ 宮城流七伝 ─ 恒川徳髙 ┬ 山本優齋◎
　　　　　　　　　　　　　　　　　 └ (小出兼政)Ⓛ

中村正武△

⑨' 宮城流小系列

南坂安之進 ─ 六木木利忠＊
石川従縄◎ ─ 当麻重之＊
越野為之助 ─ 和田恭寛○＊
　　　　　　朝倉義方＊
久保田条七 ┬ 倉下利右衛門＊＆青柳大兵衛＊＆倉下清右衛門＊＆関崎薫義＊＆宮淵弥治右衛門＊
　　　　　 └ 関崎和三郎＊＆倉下利明＊

⑨' 宅間流小系列

吉田玄魁堂 ┬ 加藤路政＊
　　　　　 ├ 藤沢常勝＊
　　　　　 ├ 藤沢路清＊
　　　　　 ├ 宮沢定賢＊
　　　　　 └ 田沢忠重＊
　　　　　 └ 田原忠継＊

145

江戸時代の和算家系譜13： Ⓢ麻田派、 Ⓢ'武田派、 Ⓢ'福田弟派、 Ⓢ''福田兄派

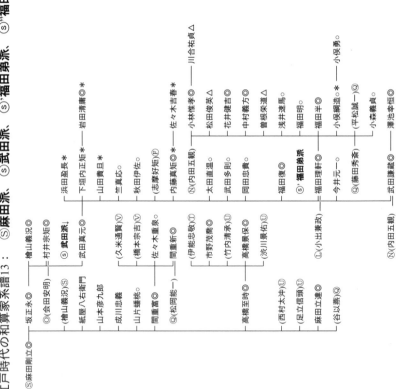

146

江戸時代の和算家系譜13：続き

ⓢ＝福田復の弟子

佐野義致◎　竹林忠重○△　村木勘十郎
松村忠英○△　池田正慶◎△　(岩田幸通)⑩
(岩田清庸)ⓢ　岡通賀△　奥村吉栄◎△
小池透綱△　竹林忠漸○△　千葉武悦△
牧野義兼△　佐藤術員○　(浅井速馬)ⓢ

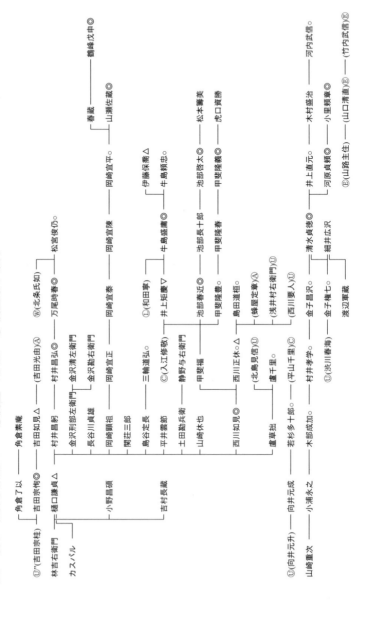

江戸時代の和算家系譜14：続き

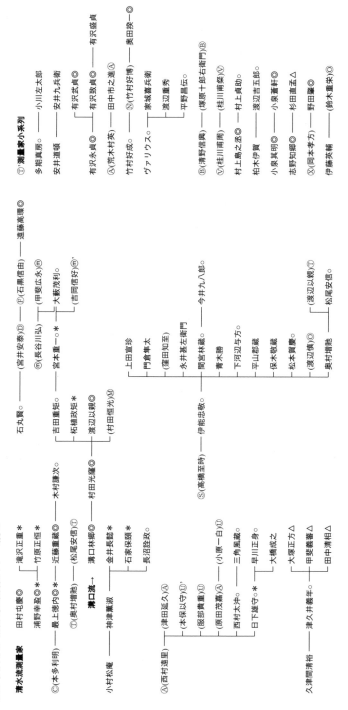

江戸時代の和算家系譜15： ⓣ"個別治水・測量家、ⓣ田制・地方、ⓣ#規矩術・建築

			ⓣ田制・地方
上椙道昌	有馬憑惣太	(沼尻亮蔵)ⓒ	江沢述明
モレイラ	(乳井貢)X	(久米通賢)N	(徳久知弘)ⓣ
伊奈忠次	長久保赤水	大倉嘉十郎	(村田明哲)ⓣ
菊池藤五郎	金子照泰	(伊藤弘)V	北浦定敬
市川五郎兵衛	(竹下政賢)F	(鷹見泉石)ⓣ	日高重昌
川村重吉	(山県昌貞)ⓣ"	中村徴	会沢矩道
植田内膳	古川古松軒◎	中村豊之助	栗田久巴ⓒ
古川重兵衛	野友直	(大竹文礼)ⓣ	新発田収蔵◎
井元藤兵衛	(松元元縝)V	永野修	大石久敬
木原佐助	(吉田周長)C	安田尚義◎	(津久井義年)ⓣ
平岡次郎右衛門	西沢作五左衛門	(徳用順二郎)D	斎藤高芽
板屋兵四郎	(林子平)W'	(花井健吉)S'	東福寺泰作
香西哲雲	村山一道	山崎義故	渡辺綱倍
西島八兵衛	(塚原十郎右衛門)B	小野頼事	(本居内遠)ⓣ
古郡重政	池田弥十郎	(松沢信義)V	日吉(俺三)
1600	(坂井広明)X	東条耕	(箕作吾)V
入長定	武田言依	(久世中立)M	(村田恒光)ⓣ
(深田円空)ⓣ'	朝比奈君和◎	小林弘隆◎	(下坂彦郷)ⓣ"
(北条氏長)W	(司馬江漢)V	鳥居耀蔵	市野節義
永田円水	(堀田泉寺)F	(松田敦朝)A	加藤高文
松平輝綱	杉本竜橋	阿部擽情	斎藤高重
		大久保主膳*	(早川雄之助)◎
		(木原貞勝)V	恵川貞雄)F
		竹内重規*	太田正心
			(柳楢悦)M

江戸時代の和算家系譜15：続き

	1750	1800	①＃規矩術・建設
黒沢元重○	朽木昌綱△	(大倉亀洞)Ⓨ	(渡辺雅春)Ⓕ	①＃規矩術・建設
藤井半智○	(中村景美)Ⓧ	北爪雅妙○	小林義混◎	(木食応其)Ⓦ
末長虚舟○	(桂川甫粲)Ⓝ	(小松恵竜)Ⓝ	(高橋義粲)Ⓝ	中井正清
石川流宣○	(石川従縄)ⓇⓇ	(吉村海洲)Ⓦ"	浅田世良○	今村一正
保坂因宗○		(市川万静)Ⓦ"	(中村惕斎)Ⓤ"
1650	石塚崔高○	神至明○	荒井郁之助◎	永田調兵衛○
武田定済	(稲垣定敬)Ⓦ"	(二宮敬作)Ⓥ	岩橋教章◎	文照軒一志○
静野与右衛門	(白石信兼)Ⓑ	(川口儀右衛門)Ⓕ	平山勘重○	(溝口林郷)Ⓣ
新井白石○	広田直道○	(渡辺謙堂)Ⓕ	(伴鉄太郎)Ⓥ	渡辺吉五郎○
吉嶺高伯○	松田伝十郎○	鈴木熊次郎○	(伊藤慎次郎)Ⓝ	熊谷直方＊
土屋義休○	山田聯○	山本正路○	(佐伯義門)Ⓝ	小林源蔵◎
(大島喜侍)Ⓒ	(山村才助)Ⓥ	下坂彦郷○	(佐藤善一郎)Ⓧ	木子棟斎◎
(水田良温1世)Ⓐ"	阿部誠之○	中島彰○	瓜生寅Ⓩ	
福田履軒	田中政均◎＊	木村直方◎	(青木清三郎)Ⓠ	
棚橋定右衛門○	(竹内清承)Ⓤ	(鱸重時)Ⓤ	小宮山昌寿	
1700	(青地林宗)Ⓥ	鈴木重正○	小林助作	

151

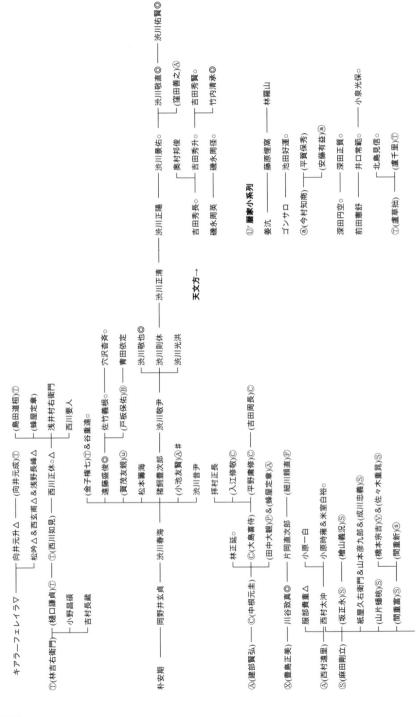

江戸時代の和算家系譜16：続き

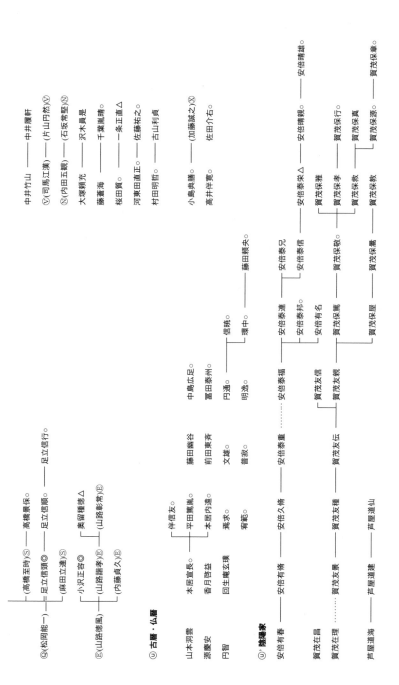

```
                    ┌─(髙橋至時)Ⓢ──── 髙橋景保。
        ┌─ Ⓠ(松岡能一)─┤
        │            ├─ 足立信頭Ⓠ──── 足立信順。──── 足立信行。
        │            └─(麻田立達)Ⓢ
        │
        │            ┌─ 小沢正啓○
        └─ Ⓔ(山路徳風)─┤      奥留種徳△
                     ├─(山路諸孝)Ⓔ──── (山路彰常)Ⓔ
                     └─(内藤貞久)Ⓔ
```

Ⓒ 古暦・仏暦

```
山本洞雲 ──── 木居宣長
                            ┌─ 伴信友。
源慶安 ──── 香月啓益 ──── 平田篤胤 ──── 藤田幽谷 ──── 中島広足
                            └─ 木居内遠。           前田東斉       冨田泰州。
円智 ──── 回生庵玄璞                    文雄。      円通。         信暁。
                            宥求。                普寂。      環中。──── 藤田頼央。
                            宥範。       明浚。
```

Ⓓ' 陰陽家

```
安倍有春 ──── 安倍有脩 ──── 安倍久脩 ┄┄┄ 安倍泰重 ──── 安倍泰福 ┄┄┄ 安倍泰連 ──── 安倍泰兄
                                                                  安倍泰邦 ──── 安倍泰信 ──── 安倍晴親 ──── 安倍晴雄。
賀茂在昌                                                           安倍有名
賀茂在理 ┄┄┄ 賀茂友房 ──── 賀茂友種 ──── 賀茂友伝 ──── 賀茂友信    賀茂保敬 ──── 賀茂保孝。 ──── 賀茂保章。
                                                                  賀茂友親    賀茂保篤     賀茂保真     賀茂保章。
                                                                  賀茂保屋     賀茂保源    賀茂保章。
芦屋道海 ┄┄┄ 芦屋道建 ──── 芦屋道仙
```

(17) ⓤ"個別暦天文家、ⓤ#儒家、ⓤ*度量衡

ⓤ#個別儒家・学者

ⓤ#個別儒家⑪
(中村惕斎)⑬
(新井白石)⑰"
寺島良安
田中尤沢
(桜永養仙)Ⅵ
三浦梅園
周防由原
(中井竹山)⑪
塙保己一
広瀬周伯
関嘉
佐藤信淵
桜田質
(藤田幽谷)⑮
中原盛彬
石井光政
柏井寛深
(富山崇州)⑰

寺西秀周
倉谷哲僧
中西邦子△
(徳久知弘)Ⅳ
村田明哲
(大穂能一)Ⅷ
(小出光教)⑪
(佐藤政養)⑰"
(船津正武)⑱
片岡喜平次
(福沢諭吉)Ⅴ
(植野正記)⑫
相森観亮

名取春仲
源誠美
中島北文
藤田貞栄
吉川養元
(宮下重政)Ⅷ
1740
由良時謙
西属玉全
相沢治邦
竹野治邦
(河野通礼)Ⅳ
(田中政均)⑰"
平田玄忠*
石井寛道
(高山光重)Ⅵ
沢田吉左衛門
1780
西海浩土
新井美成
(草野養準)Ⅴ
小山田与清

(松田元綱)Ⅵ
(青田佐)⑬
斎藤包教
捨桁子
(檜山義況)⑤
松永徳栄
1740
崎陽晩生Ⅴ
(石田玄圭)⑮
(片桐嘉玲)Ⅴ
川辺信
島津重豪
沢尚智⑥
(塙保己一)ⓤ#
光徳山純子。
柳精子
(高森観好)Ⅴ
(中村景美)Ⅴ
森熊恒
(桂川甫周)Ⅴ
秋山雄祺

浅野長桂▽
大場景明⑥
求故斉通恕▽
桃東園
(有沢致貞)⑰
鳩居円秋⑥
春日経高
杉村長郁⑥
桜井養仙
深見久太夫
速水円常
平石時光
(青沢盛員)⑰
1700
吉川郡治
小林随景
高野立斎
箕輪蓉伯
金森頼恪
松井光祥▽
(片桐嘉保)Ⅷ

吉田宗桂▽
ゴメス。
1550
スピノラ
ハビアン
カッソーラ
実由佐清
(吉田光由)③
1600
キアラ▽
深田円空
(北条氏長)Ⅵ
石原信由
(奥田有益)Ⅴ
中橋道室▽
中村楊斎⑥
牧野成実。
小川正意
(榎並和澄)Ⅷ
橋本甚右衛門
中川茂兵衛⑥

江戸時代の和算家系譜17：続き

				⑪*度量衡・貨幣
仁礼吉右衛門	(長久保赤水)⑪	浅野貞固。	一条以定。	梅村甘節。
木田親貞	三宅董之。	入江平馬。	(小野以正)⑳	荻生徂徠。
1650	1720	(中塚利為)⑱	(石井光致)⑪	青木昆陽。
苗村丈伯	浅井氏卿。	浅田勝福。	(藤原相栄)⑱	田村元長。
芝田善孝	殿村晴辰⑥	(岩橋善兵衛)⑯	玉木正方。	浅野太蔵。
馬場信武⑥	山瀬春廷。	小沢政敏⑱	鶴峰戊申"	草間直方。
志源道温	中西敬房⑥	大沢武雄。	(田島柳卿)⑱	狩谷棭斎。
今井氏考	水間良実	(平野昌伝)⑪	戸野通元。	(田口小作)⑳
亀谷和竹	山県昌貞⑥	朝野北水⑱	(小川友忠)⑱	(吉田賢輔)⑳
児島正泰	小倉永世。	(広瀬周伯)⑪#	(河野通義)⑯	上田文蔵。
今村英生⑥	(源元寛)⑥	1760	柴野美啓⑯	
蜂屋可致	吉川崇広。	小林豹。	(佐藤小十郎)⑳	
佐藤和泉	原長常△	(志筑忠雄)⑱	1800	
朝岡春睡	北禅笠常。	棚橋泥尾。	(大倉亀洞)⑱	
守屋儀門	(池部春江)⑪	劉朴子。	佐藤長脩。	
藤井美治	市川景淑。	猪飼修博。	大野弁吉。	

江戸時代の和算家系譜18： Ⅴ洋学者・蘭学者、Ⅴ"個別洋学者、Ⅴ窮理

Ⅴ 洋学・蘭学

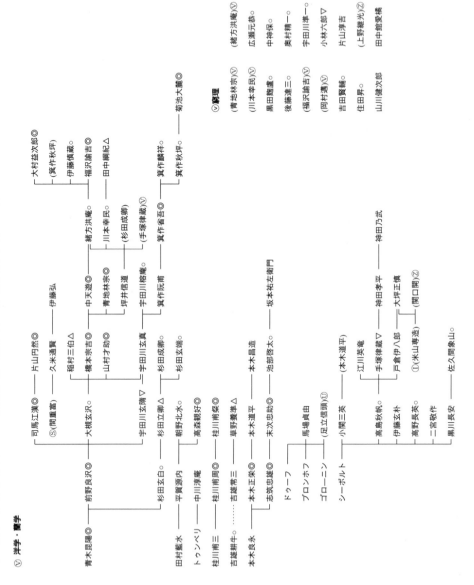

江戸時代の和算家系譜18：続き

Ⅴ"個別洋学者

ロドリゲス　　　　　　鳩野宗巴　　　　　　　今村英生　　　　　　　後藤梨春　　　　　　　小野蘭山
松村元綱Ⓣ　　　　　　（朽木昌綱）Ⓣ　　　　 稲垣定穀。　　　　　　町野煉次　　　　　　　帆足万里。
鷹見泉石。　　　　　　藤原相栄。　　　　　　鶴峰戊申。　　　　　　田島柳卿。　　　　　　土井利位
小川友忠。　　　　　　（志野知郷）Ⓣ　　　　 佐藤坦　　　　　　　　（広川晴軒）Ⓜ　　　　 大庭雪斎。
島津斉彬　　　　　　　金武良哲　　　　　　　中村奇輔　　　　　　　鑪重時◎　　　　　　　（赤沢童蔵）Ⓔ
西周　　　　　　　　　（岩橋教章）Ⓣ

江戸時代の和算家系譜19： ⓦ砲術、 ⓦ#航海・造船、 ⓦ技術者、 ⓦ#時計師、 ⓦ！長崎伝習所

ⓦ砲術・兵法

津田算長 ── 芝辻清右衛門 …… 芝辻理右衛門
稲富直家 ── 溝口左馬助ⓥ
田村景澄 ── 田村正景
カロン ── 古川重政
　　　　　スヘーデル ── 北条氏如
　　　　　　　　　　　　北条氏長 ── (松宮俊仍)ⓣ
　　　　　　　　　　　　　　　　　　(万尾時春)ⓣ

ⓥ(池部啓太) ── (松本騫美)ⓔ
ⓣ(江川英竜) ── (佐久間象山)ⓥ

ⓦ"個別砲術・兵法家

佐々木稀国。
清水秀正。
欅本義勝。
鮎川行。
坂本天山
(国友藤兵衛)ⓦ
(村木勘十郎)ⓢ
(大村益次郎)ⓥ

ⓦ#航海・造船

大胶鉄砲之助
豊島新九郎
島本権右衛門
(有沢致貞)ⓣ
森重都鱶。
(久米通賢)ⓥ
(箕作阮甫)ⓥ

ブラウン
佐枝孚重。
上原軌周
片井京助
(鈴木重正)ⓥ

ⓦ技術者

国友藤兵衛。
松田敦朝ⓥ
(大野弁吉)ⓩ"
田結庄千里。
上野彦馬。

岩橋善兵衛
田中久重
(中村奇輔)ⓥ
(福村周鰲)ⓜ

丸田盛次◎
三木茂大夫
(松平権鰯)ⓣ
(村井昌弘)ⓣ
(本木正栄)ⓥ
(宇田川格庵)ⓥ
(杉田成郷)ⓥ

ⓦ#時計師

津田助左衛門
堀内精造。
アントニス
上野俊之丞◎

(有沢盛貞)ⓣ
(小川友忠)ⓥ

ⓦ！長崎伝習所

御幡備右衛門

(細川頼直)ⓕ
(佐藤坦)ⓥ

(多期眞房)ⓣ
井上正継
長沼宗敬
林子平◎
佐藤信淵。
(高島秋帆)ⓥ
市川斎宮◎

158

江戸時代の和算家系譜19： 続き

Ⓦ＃航海・造船

九鬼嘉隆　　アダムス　　　　（ゴンサロ）・　　（池田好運）Ⓤ・
向井氏勝　　島谷定重　　　　（松村元綱）Ⓥ　　（本多利明）Ⓒ
大串五郎兵衛　大黒屋光太夫　　高田屋嘉兵衛　　　服部義喬。
池田寛親。　　吉村海州。　　　高須松亭△　　　　（鑑重時）Ⓥ
中浜万次郎。

Ⓦ！長崎伝習所

（小野広胖）ⓂⓂ　矢田堀景蔵　　（柳楢悦）ⓂⓂ　　伴鉄太郎。
中牟田倉之助Ⓒ　（赤松則良）　　（塚本明毅）Ⓩ

あとがきにかえて
ある数学者のエンディング・ノート

　近畿和算ゼミナールという，学習塾か予備校のような名前の研究会が始まったのは，1991年9月27日のことであった．台風のさなか，7名が大阪産業大学田村三郎教授（当時）の研究室にあつまった．この準備会合を第0回として，会は2015年6月には第250回をかぞえた．

　本書の著者，田村三郎は，この近畿和算ゼミナールの中心人物であった．メンバーからは，「屯候さん」「屯候先生」とよばれていた．屯にはタムラ，候にはサブロウの読みがちゃんとあるが，ここでも，屯候さんとよぶことにしよう．

　屯候さんは，べつだん近畿和算ゼミナールの代表者とは自称しなかったが，「誰でも自由に参加でき，発表できる，ちょっと知的なカルチャーセンター」と「定義」していた．

　ほぼ毎月第2日曜，20人ほどがあつまる例会は，玉石混交，甲論乙駁，和気藹々とした雰囲気であった．屯候さんは，笑顔をうかべて，会員の発表に耳をかたむけるのが常であった．玉石のうち玉のほうには，するどい指摘や質問をぶつけた．石のほうにはやんわりと今後の研究課題をしめし，やさしくはげましていた．

　あるとき，一人のメンバーが質問した．「数学者って何ですか？ どう定義するんですか？」

　この質問に答えるため，屯候さんは大量の資料を調べに調べ質問への回答に代えたのでしょう．これまた膨大な数学者データベースを作成した．巻末の「和算家系図」は，その一部をぬきだしたもの．よくみると，一人の和算家が二人の師匠に学んでいたりする．そのような関係を探し出すのも面白い．

屯候さん自身の発表も何度もある．話題は，数学，和算のほか数学教育やパズルにおよんだ．発表のうまさでは，ナンバーワンと言っても異論はあるまい．本書の第一章の書き出しのような，やわらかな大阪弁を駆使した軽妙な語り口はぐんをぬいていた．4時間ほどの例会は，おおむね4人が発表するならわしで，次回の発表者を決めるとき，「空きがあるなら，わたしが…」がいつもの弁．

そんな屯候さんが，何を思いついたのか，自分からすすんで発表するようになった．それは，2013年1月にはじまり，同年4月までつづいた．

本書は，そのとき配布された原稿がもとになっている．今となってはエンディング・ノートである．

今，なぜ和算なのか．

屯候さんは，2013年12月8日の例会に出席したあと，暮もおしつまった同月29日，やすらかに旅立った．

本書には，一人の数学者が生涯最後の瞬間に伝えようとした，智恵と思いがこめられている．現代という時代に，何を学び，どう生きるか．和算や数学教育に関心がある方はもちろん，これからの日本と日本人をおもうすべての人々に，ぜひ読んでいただきたい．

人名索引

あ行

アーベル　88
アーリヤバタ1世　15
安島直円　22, 118
アリストテレス　10
アルキメデス　97
アルキン　102
安藤洋美　115
石黒信由　114
井関知辰　113
今村知商　113
ヴィエト　13
円月和尚　99
オイラー　14, 76, 79
王錫闡　17
荻生徂徠　22
尾関正求　40

か行

ガウス　104
ガロア　83-89, 91, 110
カントール　15, 29, 33, 118
菊池大麓　41
久保舜一　50
クライン，モーリス　12
クライン，フェリクス　118
クロネッカー　42
久留島義太　21
コーシー　26, 85, 86
小倉金之助　75
小平邦彦　57

さ行

沢口一之　19
塩野直道　44, 46
朱世傑　17
シュバリエ　85, 91
ジョセフス　101
秦九韶　17
徐光啓　17
スコット　38
関孝和　20, 102, 113
祖沖之　16

た行

高木貞治　119
滝川有又　15, 20
建部賢弘　21, 113
田中美知太郎　10
田中由真　113
タルタリア　105
ダランベール　14
ツェルメロ　32
ディーンズ　54
寺尾寿　41
デカルト　28
デデキント　118
デューイ　49, 50
道恵和尚　99

な行

ナラーヤナ　16
ニーラカンタ　16
ニュートン　14

は行

橋本正数　19
バシェ　100, 105
パスカル　68, 69
バースカラ2世　16, 71
梅文鼎　17
ピアジェ　54
ピタゴラス　12, 15, 71, 72, 108
広中平祐　57
ヒルベルト　29, 32-34, 79, 119
フーリエ　88, 89
フェルマー　79
福田理軒　37
藤沢利喜太郎　42
フレンケル　32
ブラウエル　26, 29-31, 34
プラトン　10, 25
ブラフマグプタ　15
ブルーナー　54
ペスタロッチ　39, 62, 70
ペリー　43, 45
ベルニエ　84, 85
ポアソン　89, 90
ポアンカレ　80, 82, 83, 110, 113
ホイジンガ　6
法道寺善　22, 118
本多利明　116

ま行

マテオ・リッチ　17
松永良弼　21, 113
三上義夫　115
毛利重能　18, 35, 103, 112
百川治兵衛　103, 112

や行

ヤコビ　88, 91
柳河春三　37
ユークリッド　11, 25, 34, 41, 43, 68
楊輝　17
吉田光由　19, 35, 103, 112, 114

ら行

ライプニッツ　14
ラグランジュ　84
ラッセル　15, 29, 70
リーマン　118
リシェール　85, 86
李淳風　16
李冶　17
李善蘭　17
劉徽　16
ルジャンドル　83

わ行

ワイリー　17
ワイルズ　79
和田寧　22, 118

書名索引

あ行

延喜式　97

か行

改正天元指南　72, 73
改算記　108
勘者御伽双紙　106, 108
幾何学原論　83
幾何学講義　41
九章算術　16, 35, 97
原論　11, 22
古今算法記　20
今昔物語集　98
五明算法　116

さ行

西算速知　37
算学啓蒙　19
算学鉤致　114
算元記　108
算数書　16, 97
算脱　102
算術科教則　42
算法童子問　108
小学算術書　39
諸勘分物　112
初等幾何学教科書　41
竪亥録　113
塵劫記　19, 35, 101, 103, 104, 108, 113, 116, 117
新編塵劫記　114
数学三千題　40
醒睡笑　102

政事要略　98
ソフィスト　10
孫子算経　18, 97, 99

た行

徒然草　100

な行

二中歴　101
日本の数学　75

は行

発微算法　20
方円秘見集　108

ま行

明治小学塵劫記　39

や行

洋算用法　37

ら行

簾中抄　106

わ行

和国智恵較　108
割算書　19, 35, 112

事項索引

あ行

アハ体験 67
アバカス 103
油分け算 104, 105
遺題 19, 114
遺題継承 10, 114, 115, 119
入子算 103, 104
イデア 25, 26, 28, 33
馬に乗る算 104, 106
n次元空間 27
エリスティケー 9-11, 68
狼の渡船 102
鴛鴦の遊び 108
落ちこぼれ 56

か行

解析幾何学 27
外発的動機づけ 66
学制発布 38
数え主義 42
学力低下論争 60
学級一斉授業 39
幾何学 27
絹盗人算 103, 104
逆ポーランド記法 96
求答主義 40-42, 62
ギルド性 115
近代化運動 44
「黒表紙」教科書 43, 68
形式主義 29, 32-34
形式陶冶 42, 44
系統学習 51, 55, 62

芸事性 116
厳選学習時代 70
厳選指導要領 58
現代化運動 51-53, 55
コーシー列 26, 30
鉤股弦の定理 72
構成主義 31
公理 32, 34
公理系 28, 70
公理体系 32, 33, 69
好み 114
小町算 108
合理主義 69
国際数学教育改善委員会 51
個性化指導要領 58

さ行

左左立 99, 100
算置き 98
算額 20, 114, 115
算博士 18, 97
三平方の定理 71
CAI 54
CMI 54
自然数 26, 30
実数 26, 27, 30, 33
集合 26, 27
集合論 29, 32
循環論 30
順序対 27
女子開平 108
数学の歌 108

165

性悪説　65
性善説　66
初等幾何学　28
推論規則　28, 32
数学基礎論　29
数学教育の現代化運動　51
杉成算　103, 104
スプートニク・ショック　51
墨ぬり教科書　47
生活単元　48
生活単元学習　50, 51, 55, 62, 70
整数　26, 30
全員落第　48
線分　25, 26, 27
ソフィスト　9
そろばん　35, 103
ZF集合論　32, 33

た行

竹束問題　18
裁ち合せ　108
俵算　104
代数学の基本定理　27
脱ゆとり　61, 63
智恵の板　108
父の子母の子　102
注入教授　39
注入主義　46, 65
直観主義　29-33, 39, 42
直観主義者　26, 31, 32
直観的・視覚的理解　109
鶴亀算　100
定義　25-27, 32
哲学　30

手習い所　109
寺子屋　109
天元術　17, 19
飛び重ね問題　108
虎の子渡し　102

な行

内発的動機づけ　66
ナポレオンの定理　110
二・一直観　26, 30
2進数　107
二重積分法　21
二重否定律　31
人間主義　31
盗人隠　99, 100
ねずみ算　103, 104
年齢算　108

は行

排中律　31, 33
背理法　31
派閥　115
パラドクス　10, 15, 29, 32
日に日に倍　103, 104
非ユークリッド幾何学　34, 70, 81, 82
百五減　99, 100
拾いもの　108
微分幾何学　27
範例学習　71
フィールズ賞　57
複素数　27
復古思想　39
ペスタロッチ思想　39
ペリー来航　37

傍書法　20, 21

ま行

マセマティックス　11
継子立　99, 100
「水色表紙」教科書　45, 47
「緑表紙」教科書　44, 47
無定義語　25, 26, 28
無用の用　22
矛盾　28, 29, 31-33
命題　28, 29, 31, 32
メタ数学　32-34
目付字　104, 106
モデル　28

や行

薬師算　105
ユークリッド幾何学　25, 34
有理数　26, 30
遊歴算家　117
ゆとり教育　58, 60, 63
要素　29
容術　117
予定調和　27

ら行

ラプラス展開　21
理論算術　41
論理学　30, 32
論理主義　29

わ行

ワインの量り分け問題　105
和算廃止令　38
割算書　35

著者紹介：

田村三郎（たむら・さぶろう（1927-2013））

　　数学者．神戸大学名誉教授．理学博士．ペンネーム屯候（とんこう）．大阪生まれ．山口大学，神戸大学，大阪産業大学で教鞭をとった．数学基礎論を専門とし，数学教育，数学史，和算についても研究を行った．

　　主な著書には『なぜ数学を学ぶのか』（大阪教育図書，1994），『論理と思考』（大阪教育図書，1996），『文系のための線形代数の応用』（現代数学社，2004年），『新・図説数学史』（現代数学社，2008年）などがある．

　　また，講談社ブルーバックスを中心に数学および数理パズルに関する著書を多数執筆し，数学の啓蒙活動にも務めた．

編集委員（あいうえお順）

- ●小寺　　裕　　日本数学史学会 運営委員長．
- ●島野達雄　　企業映像脚本家．関学大・大阪府大高専非常勤講師．
- ●髙橋　　正　　甲南大学 教授．著者の後任として神戸大学に勤務．
- ●田村慎治　　システム・エンジニア．著者の次男．
- ●田村直之　　神戸大学 教授．著者の長男．
- ●田村　　誠　　大阪産業大学教養部 教授．
- ●張替俊夫　　大阪産業大学教養部 教授．
- ●平井崇晴　　神戸大学大学院修士課程より著者に師事．数学マジシャン．

今、なぜ和算なのか

検印省略	2015年12月29日　初版1刷発行
	著　者　　田村三郎
	発行者　　富田　淳
ⓒ Saburou Tamura,	発行所　　株式会社　現代数学社
2015 Printed in Japan	〒606-8425 京都市左京区鹿ヶ谷西寺ノ前町1
	TEL 075 (751) 0727　FAX 075 (744) 0906
	http://www.gensu.co.jp/
	印刷・製本　亜細亜印刷株式会社
	装　丁　Espace／espace3@me.com

ISBN 978-4-7687-0450-9　　　　落丁・乱丁はお取替え致します。